企劃書

怎麼寫才會過關？

齊藤 誠
Makoto Saito

著

伊之文

譯

晨星出版

作者序

——穩紮穩打的企劃書撰寫術

這本書是專門寫給從未寫過企劃書的初學者，內容力求通俗易懂，好讓外行人也能從零開始學會撰寫企劃書的方法。

此外，書中滿滿都是我從實務中體悟到的企劃心法，對已有經驗的讀者而言應該也能派上很大的用場。

我在正文中提到，企劃書要獲得採用才有價值。

到目前為止，我自己寫過的企劃書超過1000份，有些順利被採用並大獲成功，但也有不少企劃案並未受到青睞。我從這些經驗中學習到撰寫企劃書應有的預備知識，以及讓企劃案更容易通過所必須注意的事項。

這次，我將撰寫企劃書的祕訣彙整成100個法則，按照步驟簡潔地整理出撰寫企劃書的技巧、方法與實用資訊，每個章節的內容都能立刻實踐。

易讀是本書最大的特色，每位讀者應該都能輕鬆地從頭讀起，但即使只挑感興趣的章節來閱讀也無妨。大家讀了一定能夠信服，進而掌握撰寫企劃書的要訣。

本書除了仔細解說具體的企劃書撰寫法與要點之外，還有另一個目標是使各位讀者隨著企劃能力進步，成長為更優秀的商務人士。

在商業場合上，若要開創新事業，就少不了企劃書。想讓企劃案動起來，就一定要有企劃書來推動它。

在職場上，你是不是有什麼想做的事卻做不到，腦中有想法能讓工作更順利，卻沒能發揮呢？

只要學會寫企劃書，事情就會更如你意。

尤其是在這個不穩定又看不到未來的時代，商務人士若要求生存，就必須積極主動地去影響各種決策。這時，撰寫企劃書的能力，將會成為你的武器。

只要運用本書所傳授的訣竅，持續撰寫企劃書，你的企劃能力就會確實進步。

除此之外，若想寫出會通過的企劃書，你還必須具備溝通協調、發掘主題、收集資訊、創意發想、製作文件及發表簡報等各種職場技能。

閱讀這本書，自動自發地撰寫企劃書並從中學習，將能培養商務人士該有的綜合能力。

到目前為止，我先後在4家企業任職，分別是日本企業、廣告外商、後來與朋友共同創立的行銷公司，以及現在的「創造開發研究所」。

我始終待在行銷領域，撰寫企劃案並予以執行。

我過去也寫過幾本和企劃案相關的書籍，我抱著這是最後一冊的決心，將自己的經驗和所學濃縮在這本書裡。

只要這100個法則中有任何一個讓讀者有所收穫，便是我的榮幸。

在這裡，我要衷心感謝負責製作本書的universal publishing出版社編輯清末浩平先生。此次是我睽違10年獨自寫書，起初下筆並不順利，多虧清末先生的鼓勵和支持才總算完成。

創造開發研究所董事長　齊藤 誠

目次　CONTENTS

第**3**章 企劃書不要劈頭就開始寫

第4章 最有效率的資訊收集術

第**5**章 「點子發想術」是企劃案的關鍵

第6章 抓住基本架構，就寫得出企劃書

第7章　打動人心的企劃案撰寫密技

第**8**章　提高採用機率的技巧

第**9**章 讓簡報開花結果

第10章 企劃書將為你開啟商業上的可能性

第 1 章

企劃書
是你的武器

你是不是覺得，企劃書是受人之託，不得已才寫的
東西？但是，若你學會撰寫企劃書，就能獲得可靠的武
器。本章將告訴你寫企劃書的眾多好處。

別想得太難，
任何人都能寫出優秀的企劃書

◉ 從「模仿」做起即可！

有些讀者可能從來沒寫過企劃書，不知如何是好，或者是很不擅長寫企劃書，但你們都不必擔心。**只要別把「寫企劃書」想得太難，任何人都能學會撰寫的技巧。**

到目前為止，我撰寫的企劃書超過1000份。我第一次寫企劃書是在進公司第二年，還記得當時上司要求我「在一週內寫出要交給客戶的企劃書」。

我當時是廣告公司的業務員，在那之前都和上司一起擔任客戶的接洽窗口。由於公司裡設有專責提案企劃與調查的行銷部門，所以我多半都請他們幫忙撰寫企劃書，但當時負責我們客戶的企劃專員不巧出國研習去了。

上司大概是認為那份企劃案沒那麼重要，想要藉此讓身為菜鳥的我累積經驗。他告訴我：「別緊張，簡單寫一下就好！」同時把他自己寫的2、3份企劃書提供給我作為參考。

那時我曾感到困惑，但或許是生性樂觀，心想：「只要模仿上司的寫法，應該大致寫得出來吧？」

　　我做的第一件事是把上司寫的企劃書反覆閱讀5次，藉此熟記用詞和格式，接著便是思考解決問題的對策，將構想濃縮成3張的篇幅。這就是我成為上班族之後的第一份企劃書。

　　我把完成的企劃書拿給上司看，結果及格了。畢竟上司一眼就能看出我的企劃書是學他的，也不好從中挑毛病。

　　大家不要把企劃書想得太難，**第一步只要先模仿別人的成品即可**。模仿久了就會習慣成自然，進而發展出自己的風格。

◉「企劃書」和「提案書」一樣嗎？

　　有人主張「企劃書」是用來替公司內部提供構想，「提案書」則是用來為外部客戶提出解決方案，但我認為兩者沒有差別，只是名稱不同而已。大標題要寫「企劃書」或「提案書」都OK，有時候也可以只寫「新產品促銷方案」。

Point

　　寫企劃書時大可模仿別人，不必害怕。

只要會寫企劃書，
你的意見就更有力

◉ 何謂「發言力」？

　　你是不是覺得旁人平常都不認真聽你說話，或者是都沒人贊成你的意見，為此感到不滿呢？假如是的話，不得不說你的**「發言力」**很弱。

　　反過來說，如果某人一開口就備受矚目，足以決定洽商或開會的結果，這樣的人就是具有「發言力」。

　　「發言力」有時來自個人地位和頭銜，這就是職位權力（Position power），具有一定的強制力。因此，先不論發言內容為何，大多情況下我們都得聽他的。

　　可是，這種力量是頭銜和地位所賦予的，那個人本身不一定擁有真正的「發言力」。只要卸下頭銜，他的「發言力」就會消失無蹤。

　　那麼，什麼才是真正的「發言力」呢？真正的「發言力」是**能夠影響別人，引發共鳴，使人改變態度和想法**。一旦學會這種能力，你就能獲得主管與客戶的好評和信賴。

　　「發言力」並非與生俱來的能力。在美國，學校課程中會安排辯論會，因此美國人從小就自然培養了清楚表達己見的能力，但日本長年未實施這種教育。

　　若要培養「發言力」，就只能靠自己訓練，這會花上一些時間。有沒有方法能夠輕易加強自己的「發言力」呢？

◉ 口頭說明不如白紙黑字

　　大家若仔細想一想，會發現「發言力」並非只能透過對話來發揮，還有用書面文字說明一途。

　　大部分的會議主題都是事前就決定好並公告周知，因此**大家可以預先將自己對該主題的想法或點子撰寫成簡潔的文章，並且在開會時當作企劃案提出。**

　　假如你口才不好，就用企劃書決勝負。當你的企劃案在會議上獲得支持，你的「發言力」就更強大。

　　此外，若不斷在會議上提出企劃案，說起話來自然會變得井井有條，因為**反覆撰寫企劃書能讓人習得邏輯清晰的論述技巧。**

`Point`

　　靠「寫企劃書」來解決「發言力薄弱」的困擾。

撰寫企劃書有助於實現夢想和提升評價

在職場上，你是不是想過「明明就有其他更有效率、更好做事的方法」，或是「只要向客戶這樣提議，銷量就會更好」呢？

此外，你是否曾經因為主管不肯讓你放手去做想做的事而感到不滿呢？

遇到這種情況，我建議你撰寫「**自主企劃書**」。

企劃書並非只在接到委託時才能寫，**當你發現現況有問題存在，或者是想要達成自己的理念時，也可以寫企劃書。**

若想實現自己的理念，**就必須抱著努力不懈的態度去挑戰**，除此之外，還需要**取得主管、客戶和旁人的同意和認同**，為此而主動提出的企劃書，就稱為「自主企劃書」。

舉例來說，假設你任職於一家設有展示區的廚房設備公司，至今都是由老鳥在教育員工時傳授招呼顧客的方法，而你認為有必要舉辦研習會來改善員工教育，以便提升顧客滿意度。這時你若默不作聲，研習會就開不成，就算想要口頭提議，但上司可能忙得沒空認真聽你說。

在這種情況下，你不妨撰寫自主企劃書並提案。

你可以舉「資歷和經驗不同的老鳥，所傳授的接待方法不一」為例，藉此指出現況有問題，接著再透過售後問卷調查來製作資料，呈現出「使顧客決定購買的主要因素不只是品質和售價，展場人員的介紹與接待態度也會造成很大的影響」。最後，再將你想實施的研習會內容整理成一份簡潔的企劃案並提出。

以書面代替口頭提案不僅更加正式，主管也能在有空時閱讀。若你的提案會直接帶動銷售業績，獲得採納的機率可說不小。

面對客戶，你也應該積極撰寫自主企劃書。別只是被動等待工作上門，而是從各個角度去思考「當下有沒有什麼問題存在」、「能不能為客戶謀求利益」以及「自己想做什麼」，將這些寫成企劃書。

企劃案一旦獲得採納，你就有工作和收入。即使沒有通過，你積極主動的態度仍然能博得正面評價。

只是默默希望工作上門也沒用，應該要主動撰寫自主企劃書。

Point

即使沒人委託，只要你有想法，就該積極撰寫「自主企劃書」並提出來。

寫企劃書讓你培養邏輯能力

分析能力和**創造力**是商務人士的必備技能，但也別忘了要培養**邏輯思考的能力**。

大多數情況下，只要和一個人對話2～3分鐘，就能看出他邏輯好不好。大家應該經常遇到說話又臭又長，遲遲不講結論，根本聽不懂他想表達什麼的人吧？儘管當事人沒有自覺，但我們很快就會發覺。

倘若別人經常反問你：「所以呢？」或「結論是？」這就是你欠缺邏輯思考力的示警訊號。這樣的人往往沒有釐清自己想說什麼，也沒有確切的結論。

「邏輯思考力」是指**能夠正確掌握事物的因果關係，整理得有條不紊，並且前後不矛盾地加以說明。**

和客戶或相關人士溝通時，你要有能力確切掌握對方說的內容，順著邏輯去思考，還必須簡潔易懂地表達自己的想法，才能使工作順利進行。若自己說話符合邏輯又很容易聽懂，對方大多能理解並信服。

邏輯思考力並不是與生俱來的資質，什麼都不做便無法培養這種能力，要花費好一段時間才能透過訓練來累積並內化。

　　不過，當你培養了邏輯思考能力，腦中的思路自然就會符合邏輯，這種機制不僅能在對話時派上用場，還會在我們試圖解決各類問題時自動發揮作用。

　　當你面對那些必須按部就班的工作，便能依序整理並輕易想出有效率的步驟，即使發生意料之外的問題，仍然能夠冷靜掌握情況和應變。

　　培養邏輯思考力的方法有很多，其中**最好的方法是撰寫企劃書**。

　　開始撰寫企劃書之前大多要聽取委託人的說明，這時要仔細聆聽，**特別是要掌握問題與課題為何，並順著邏輯去思考該如何做才能解決問題**。反覆進行這樣的過程，就是在訓練邏輯思考力。

　　此外，撰寫企劃書有幾個原則和應該遵循的步驟，本書接下來將會逐一解說。只要按照步驟一步步前進，自然就能培養邏輯思考力。

Point

　　「邏輯思考力」是商務人士必備的技能，能夠藉由撰寫企劃書來鍛鍊。

撰寫企劃書能提高創造力

◉ 維持日常生活的構想

　　創造力（creativity）簡單來說就是「**產出獨創構想的能力**」，它也被發揮在我們每天的日常生活中，不可或缺。

　　觀察超市的貨架，會發現商品陳列得很容易尋找和瀏覽，架上還插著吸引消費者目光的POP廣告，這些都是源自促進銷售的構想。文具店有賣色彩繽紛又頗具創意的便利貼，由此也可看出設計者巧妙融合流行趨勢的構想。

　　另外，新聞曾報導有企業開始使用賣相不佳的蔬菜製作湯品，這便是個避免浪費食物並友善環境的構想。

　　我們之所以能夠過著便利又富裕的生活，可說是各行各業發揮了創造力的成果。**創造力讓這個世界更加進步。**

　　那麼，該怎麼做才能提升創造力呢？

◉ 創造力的 6 大要素

　　心理學家基爾福（Joy Paul Guilford）長年擔任美國心理學會（American Psychological Association）的會長，他主張創造力有6大要素。

❶ **敏覺力**：察覺問題在哪裡的能力。

❷ **流暢力**：接連產出許多構想的能力。

❸ **變通力**：多面向思考的能力。

❹ **獨創力**：提出原創構想的能力。

❺ **再組織力**：將構想互相連結的能力。

❻ **精進力**：將構想具體化的能力。

　　如果你想磨練創造力，就必須提升這6種能力，它們和撰寫企劃案息息相關。

　　若要撰寫企劃書，就必須察覺問題出在哪裡，並且從多個角度提出許多能解決問題的方法，而且這些點子還要盡可能獨一無二，能和多個構想連結，並化為具體的提案。

　　撰寫企劃書就是在實踐基爾福提出的6大要素，是一種能提高創造力的訓練。無論主題是什麼都無妨，別老是丟給別人做，要親自製作企劃書。在多次撰寫企劃書的過程中，你的創造力一定會在不知不覺中進步，並成為創意高手。

Point

　　「創造力」是商務人士的強力武器，最適合透過製作企劃書來訓練。

隨著企劃書的累積，自己的「寶庫」也跟著增加

在各位讀者當中，或許有人認為寫企劃書是一件不得不做的麻煩事，或者是被迫去做的苦差事。

然而，企劃書其實並不難寫，而且積極寫企劃書還會使你身為商務人士的技能快速進步，能夠**累積商業資訊**來源。以下就讓我們從兩個「寶庫」的觀點來想一想吧！

◉ 腦海中的寶庫

為了撰寫企劃書，你必須**配合主題收集資訊，進行分析**，思考解決問題的對策。

當自己寫的企劃書累積起來，就代表你已經學會如何收集和處理資訊。這樣一來，有人委託你寫新的企劃書時，你腦中馬上就會浮現步驟和方法，知道哪裡有所需資訊、上網搜尋時要用什麼關鍵字才容易找到資料，以及用什麼方法調查才有效。

要產出新點子時也一樣，由於累積起來的工作訣竅已經整理好了，你馬上就能想到該怎麼做，這就是**腦海中的寶庫**。

此外，**當你的企劃書被採用並執行，腦海中的寶庫數量就會增加**。

一份企劃書無論寫得有多縝密，都還只是企劃階段，一旦實際執行，就會出現企劃階段時沒想到的各種問題。由於你必須解決問題並執行企劃，所以你解決問題的**技巧會更高明，那將會成為只屬於自己的工作密技**，留在腦海中。

◉ 電腦資料的寶庫

企劃書並不是寫了就會被採用，實際上只有大約3成會通過。

儘管如此，**寫好的企劃書仍然要全部存成電子檔案**。即使被打回票，只要想成「**電腦資料的寶庫增加了**」就好。

假如有人請你製作企劃書，你可以從寫好的企劃書中擷取所需資料來運用，例如內容可以直接套用過去的某一份、企劃主題和另一家客戶類似，所以可以用類似的方法解決等等。這樣一來，工作量就會大幅減少。

Point

寫了眾多企劃書，你身為商務人士所擁有的「寶庫」也會跟著變多。

撰寫企劃書的好處

☐ 提高「發言力」

☐ 實現自己的理念

☐ 積極的態度能贏得正面評價

☐ 培養邏輯思考能力

☐ 培養產出新點子的能力

☐ 累積更多解決問題的訣竅

第 2 章

問對問題，
才能寫好企劃書

　　企劃書是為了解決「某人」的問題而製作，若要找出「真正應該解決的問題」，就要在說明會上向那個人提問。在這一章，我將傳授讓你領先別人一步的提問方式。

該問的問題沒問到，
企劃書就會出錯

當上司或客戶委託你製作企劃書時，大多會舉辦**說明會**（Orientation），藉此說明委託內容和主題。

委託內容有時已經整理在一張A4紙上，但只用口頭說明的情況也不少，而且不一定解說得明快易懂，例如只說「你負責構思今年的車展企劃案，預算和去年差不多，展示方式要新穎，和其他公司不一樣」。有時候，當你在聽取說明後向公司同事轉述，才發現沒問到重點。

為了避免這種情況，**你要在說明會上自行整理出要點，並且向委託人確認。**

特別是當對方只用口頭說明時，要是不自己整理出重點內容的話，到了提出企劃書的時候，委託人可能會說「這不是我要的東西」。

在說明會上，**有些事項一定要先問。如何確實問出那些事項**，是著手撰寫企劃書的第一步。

一定要在說明會上先問的**8**大事項

必問項目	（例）新商品的促銷企劃案
❶ What	是什麼商品？它有什麼特點？
❷ Whom	誰會購買並使用它？
❸ Why	促銷的目的和主題為何？
❹ When	要什麼時候開始進行促銷？
❺ Where	要在什麼場所或地區做促銷？
❻ How	想要用什麼方法促銷？
❼ How much	促銷活動的預算是多少？
❽ How long	促銷活動要實施多久？

除此之外，撰寫、提出企劃案時還有下列注意事項：

□ **企劃書的形式**（直式或橫式？用Word還是PowerPoint？參見 法則021 ）

□ **提案截止日**（假如距離提案日還有一段時間，就有餘裕慢慢製作企劃書。若期限很短，除非是要和競爭對手一起做簡報，否則我建議你請委託人延長期限。參照 法則020 ）

□ **必備事項或注意事項**（企劃書裡一定要寫或是應該注意的事項）

Point

企劃書的成果好壞，取決於是否能在說明會上確實問出委託細節。

磨練這兩種能力，
「提問能力」就會進步

若沒能掌握委託人真正的要求，寫出來的企劃書就無法讓對方滿意，反而會被他用一句「我沒拜託你寫這種企劃書」來拒絕。

此外，若只是很表面地聆聽，就**搞不懂對方到底要什麼**。你必須增進自己的「提問能力」，**藉由精準的提問來確切掌握對方的重點和課題**。

若要提升「提問能力」，首先要磨練Ⓐ**傾聽能力**和Ⓑ**詢問能力**。

Ⓐ 傾聽能力 ···

傾聽時，不僅要聽內容和用字遣詞，還要觀察他的肢體動作，**拿出「我很專心面對您」的誠懇態度**。

首先，你要露出笑容，**營造使對方容易侃侃而談的氣氛**。當對方正在說話時，要在適當的時機予以回應，並且仔細聽到最後。視線要看向對方，並心無旁鶩。

接著，**一邊聆聽，一邊抓重點，並且用自己的話整理一遍**。假如你無法順利整理出來，就表示對方沒有說清楚，或者是你理解不足。

用字遣詞和**態度**也很重要。你必須配合對方的地位和年齡臨機應變，此外還要顧及商務人士應有的服裝儀容。

Ⓑ 詢問能力

你聽取對方說的內容之後，必須**問出真正的問題所在，以及對方想要的重點和必要資訊**。

為此，**你要盡量提出對方容易回答的問題，並根據其回答延伸出下個問題**，誘導對方順暢地回答。而你當然不能用警察問話的方式提問，也不能一直重複同樣的問句。

當對方說了一個段落，**你就要自己做摘要，並且向對方確認**。說出自己整理好的內容，問對方「以上是否正確」，若無誤的話，對方不但會予以肯定，還會覺得你理解他說的話，值得信賴，對你產生好感。相反地，即使你整理的摘要有誤，你也能獲得正確資訊，沒有壞處。

Point

拿出誠懇的態度「傾聽」，並深入「詢問」重點，是構成「提問力」的核心。

分別使用這兩種提問方式，在聽取說明時更順利

　　提問的方式有兩種：🅐封閉式提問（closed question）和🅑開放式提問（open question）。在說明會上分別使用這兩種技巧，就是善於提問的祕訣。

　　🅐封閉式提問**可以用「是」或「否」回答**，2選1或3選1等有選項的問題也屬於此類，主要是用來確認對方的想法或所說內容是否屬實，或者是自己的理解是否有誤。

　　🅑開放式提問是指不設下「是」或「否」的限制，**讓對方自由作答**，例如以「您對此有什麼看法」來問出對方的想法。

　　在說明會上可以如右頁的流程所示，分別使用🅐和🅑。

　　首先，你要聆聽委託人的說明。對方說完後，若你還有不明白的地方，就提出🅑開放式提問。對方有時候會以為你已經明白，但你別客氣，要針對不懂的地方提問。

　　此外，對於**委託背景**和**對方的要求**，你也要盡可能問得詳細一些。你在說明會當下可能無法馬上想到要問什麼，所以我建議你事前想好**「必問事項」**。

接著，你要在腦海中整理說明內容，並提出Ⓐ封閉式提問來**確認概要**。你可以問對方：「關於這一點，我這樣理解正確嗎？」藉此確認自己整理的內容是否無誤。除此之外，你還可以問：「A、B、C這3個大方向，哪一個才對？」

最後，再次用Ⓑ開放式提問來補充詢問**企劃的執行方式、必須事項和注意事項**。

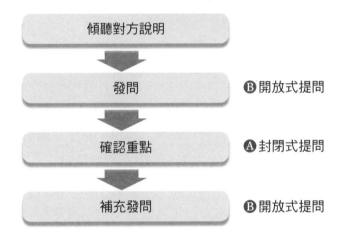

參加說明會時的流程

傾聽對方說明

↓

發問　　　　Ⓑ開放式提問

↓

確認重點　　Ⓐ封閉式提問

↓

補充發問　　Ⓑ開放式提問

Point

提問可分為「開放式提問」和「封閉式提問」，要在說明會的不同階段分別使用。

列出必問清單，使提問更完整

參加說明會之前，你要先思考：「**為了寫企劃書，我應該預先了解哪些事項？**」

儘管如此，無論事前再怎麼想，還是經常會有問題忘了問。若委託人是公司主管或熟識的客戶，就能事後追問，但假如委託人是初次合作的客戶，有可能會遇到不方便事後詢問的狀況。

為了在說明會上獲取足夠的資訊，也為了避免漏問問題，我建議你事先列出**必問清單**，帶去參加說明會。

要出國旅遊時，大家通常會列出物品清單，避免忘東忘西對吧？同樣的道理，你可以事前製作簡易的必問清單。

必問清單的項目可能會因為企劃主題而有不同，但大致上就像右表這樣。若你想列得更細也沒關係，但記得要預留更多空白，方便填寫。不要想得太難，只要先思考自己寫企劃書之前必須先向客戶或委託人問出哪些事項，再列成清單即可。

說明會必問清單範例

客戶或品牌名稱	
說明會實施細節	
日期	
地點	
對方代表	
我方代表	
報告人	
說明會內容	
對方要求事項、主題和目的	
委託背景	
對象	
地區	
媒體、方式與型態	
期間和日程表	
預算	
必須事項	
注意事項	
簡報	
提出時間與簡報日期	
型態	
對方代表	
地點	
競爭對手	
其他	
客戶或品牌資訊	
商品或服務特色	
競爭對手	
市場趨勢和消費者動向	
過去的實施內容	

Point

　事前想好「撰寫企畫書需要知道什麼」，製作必問清單，帶去說明會場。

做筆記將讓你發現 「隱藏的重要事項」

◉ 做筆記時要「手寫」， 記下「要點」與「關鍵字」 ⋯⋯⋯⋯⋯⋯⋯

一般來說，在說明會上通常會發放記載委託內容的文件給出席者，並根據那份文件來進行說明。但是，**口頭說明有時候會提到文件上沒有記載的重要內容，所以你一定要做筆記**。

舉例來說，即使文件上寫著「提案形式不拘」，但對方在口頭說明時可能會提到「若以PowerPoint製作，並列印成A4橫式更好」。這聽起來不像必備條件，但**把它視為必備條件才是正確的做法**。如果你沒做筆記，只仰賴說明文件，你的提案就會不符合對方期望的格式。

此外，你或許會從客戶話中的弦外之音感受到他重視哪個部分。此外，做筆記時，還要從文件的字裡行間讀取**對方的情緒**。

做筆記時，**只要寫下重點和關鍵字即可**。即使你想要逐字寫下對方所說的內容，也跟不上他說話的速度。假如硬要跟上，反而會搞不懂對方正在說什麼。

除了對方說的內容之外，若你還對那些要點或關鍵字**有什麼想法或評論**，就用不同顏色的筆簡單寫下來。你在說明會上注意到的事情，有可能正中紅心。

近幾年，有些人會用手機錄音或用電腦打字，但我還是最推薦手寫。據說，基於大腦的機制，親手拿筆寫下資訊才不會過目就忘，更容易留下印象。

此外，做筆記的好處還包括**能確實掌握並整理對方說明的內容**。反覆這樣做，自然就能學會整理資訊和掌握對方話中要點的方法，提升你的職場技能。

還有，做筆記這個動作會讓對方覺得你很用心聆聽，對你產生好印象。

◉ 隨身攜帶筆記用紙

你要從平時就養成經常做筆記的習慣，而不是只有參加說明會的時候才做。

我推薦的筆記用紙是**Post-it**，邊長75公釐的大小很好用。用個盒子裝著，放在口袋裡隨身攜帶，用它記下想備忘的事情或小點子。Post-it可以重複黏貼，事後容易整理。

Point

做筆記有很多效用，包括補充重要事項、掌握委託人的真意、整理資訊與展現自己的熱情。

當你覺得有事情沒問到，
一定要追加提問

有時候，我們會有一些事項忘了在說明會上詢問。

此外，還有些事情是自己事後整理時想要更進一步了解的。

比方說，假設客戶完全沒提到執行企劃案的費用如何估算，你可能會以為「現在還在規劃階段，等企劃案確定通過之後，再開會提出估價就好」，因而提出不含估價的企劃書。

客戶看了，可能會問你：「企劃書上為什麼沒寫估價？」假如客戶認為附上估價是理所當然，所以不必特地在說明會上提起，你能反駁嗎？

為了避免這種情況，**即使只是有點不明白也別擅自判斷，而是向客戶確認**。事後追加的提問，稱為「**補充提問**」。

中央或地方政府公開招商時，大多會在說明會後安排一段提問時間，你可以在期間內提問。

然而，一般企業幾乎沒有這個提問期間，所以如果有什

麼問題就不要客氣，要進一步做事後確認。要是在沒搞清楚的狀況下撰寫，到時候提出的企劃書恐怕會不符合委託人的要求。委託人期待你提出盡善盡美的企劃案，應該很樂意回答你的追加提問。

有一點要注意，**那就是別打電話，而是寫電子郵件確認**。用口頭描述可能無法好好表達想確認的事項，對方的回答可能也不夠明確。

此外，最好請對方也用電子郵件回覆，如此一來就會留下文字證據，事後才不會產生爭議。

我曾經因為沒有補充追問而吃了苦頭。

有一次，我參加多間公司一起競爭的新產品上市企劃提案說明會，事後和公司同事開會，設計師問我要提出幾款設計圖。由於客戶並未特別指示，我完全沒有確認，就回答「提出3款即可」。

簡報的結果是競爭對手X公司雀屏中選。我事後向熟識的客戶窗口詢問，才知道X公司提出10幾款設計圖，而他們的熱誠獲得了青睞。X公司曾在說明會結束後提問「需要幾款設計圖」，得到「多多益善」的回答。如上所述，補充提問有時候會決定成功與否。

Point

若說明會結束後還有疑問，別自己隨便臆測，而是寫電子郵件「補充提問」。

仔細傾聽對方說話，就能抓住新的工作機會

　　假如客戶定期委託你製作企劃書，也會經常舉行說明會的話是很好，但實際上不一定永遠有工作上門。

　　因此，**你要發揮「提問力」來創造新的工作機會**，從客戶口中問出能連結到工作機會的資訊，有助於自己提案。

　　我在 法則008 提過，想提高「提問能力」，就必須具備**「傾聽能力」和「詢問能力」**，從客戶口中問出消息的基本要訣，就是活用這兩種能力，並且**當個「傾聽者」**。製造出讓對方容易開口的氣氛，讓對方有八成時間都在發言，自己則是負責傾聽。只要能讓對方說得盡興，你就能得到各種資訊。

　　在電視節目上，厲害的主持人不會一個勁地搶話，而是盡量讓來賓或評論家發言。他會向來賓提問，整理來賓說的內容並進行確認，藉此掌控節目進行。仔細觀察便能發現，主持人會對新人**提出容易回答的問題**，和對資深來賓的提問方式不同。

　　你向客戶提問時也要提出容易回答的問題，讓對方比較好接話。例如：

「前陣子，貴公司的關係企業A公司創業滿50週年了呢！」

「您有沒有去參加紀念活動呢？」

「典禮怎麼樣？」

「這麼說來，貴公司也快要滿70週年了吧？」

「雖然還有兩年，但其實也快了吧？」

「雖然不是您負責的，但貴公司是不是開始準備了呢？」

當你提出這些問題，就能知道他對A公司典禮的評價如何，若順利的話，或許還能問出70週年活動目前的進度。即使活動不是由對方負責，對方還是很有可能說出他聽到的風聲，例如負責的部門正在忙些什麼。甚至還有可能探聽到更多消息，例如「我們社長愛打高爾夫球，要是提出要辦冠名贊助球賽的話早就通過了」等觸及核心的話題。這些資訊能幫助你提出企劃案，得到新工作。

聆聽時，別只是點頭或回答「這樣啊」，你還可以說「聽起來很有意思」、「還有這種事情啊」、「那真是不得了」、「我現在才知道」等等，這些**誘導對方接話的回應方式**很有效。但是，**談話時間請控制在1小時內**，再長就沒有實質內容了。

Point

自己負責當聽眾，讓對方多發言，就能問出重要資訊，幫助自己得到新的工作機會。

問出客戶的煩惱，就能大幅省下花在提案上的心力

　　企劃書的功能是**提出解決問題的對策**，但是要找出**問題為何**並不容易。假如是客戶端的問題，就必須從各種角度來收集資訊，並多方研究。

　　為此，我要在這一節傳授如何花最少的心力找出問題，方法是**「問出對方的煩惱」**。

　　很久以前，我曾經幫某家補教業者做行銷，原本的工作內容是直效行銷（Direct Marketing），但後來又從對方手上接到海報、傳單、報名手冊等等的設計工作。

　　從某一次起，我每個月都會和該補教企業的高層開會，有一個小時的時間能討論行銷方針。起初是由我調查競爭對手的行銷手法，並且向高層報告，但報告只花15分鐘就結束了。於是，我決定在報告結束後詢問對方有沒有什麼煩惱或不滿意的地方。當我說「無論什麼事都無妨」，就從對方口中問出了各種煩惱，包括人事、勞務、學習環境、如何應對家長與危機處理等等。

接著，我思考那些問題的成因，在一個月後提出包含好幾種解決方式的企劃案，結果高層十分開心，採用了其中幾個企劃。

從此，由我問出對方的煩惱，並在下次開會時提案的「煩惱傾聽會」持續了一段時間，結果是我得以接到更多領域的工作，例如舉辦宣傳活動、開設家長專用熱線電話，以及主辦補習班學生的夏季合宿活動。

不僅如此，我還得到行銷領域以外的各種工作，例如制定教室內危機處理SOP、提高部門士氣與動力，以及開發會計系統等等。

我還記得自己當時一直在寫企劃書，而且大多是缺乏經驗和要領的領域。不過，敝公司的座右銘是「沒有辦不到，只有盡力做到」，自己不懂或超出專業範圍的部分，就仰賴人脈，和外部合作，藉此拓展工作領域。

或許你很難有機會直接從高層口中問出他的煩惱，但即使對象是客戶的基層窗口也無妨。大多數人在職場上應該都有某種煩惱，**「你有沒有什麼煩惱或困擾？」這種簡單的提問，將會派上很大的用場。**

Point

若想得到工作機會，問出客戶的煩惱並提出企劃案，是最有效率的方法。

敏銳度夠高的「閒聊」，讓你更能嗅出商機

　　大家不要把閒聊當作無用的垃圾話。在商務場合上，若能在對的時機適度閒聊，不僅能拉近雙方距離，更能製造出容易開口的氣氛。除此之外，閒聊有時還能問出**對方的真心話**，獲得**寶貴的資訊**和**商機**。

　　我的前輩K先生是個不起眼的人，尤其在宴會場合上，他總是無法融入對話，只是默默微笑著聽其他人說話。然而，他在職場上經常被委以重任，還接連開拓許多新客戶。

　　有一次，我向K先生詢問祕訣，他只說：「我沒做什麼特別的事，就只是和客戶、相關人士以及工作上認識的人閒聊，然後就有了工作靈感。」

　　K先生舉出和客戶M部長的閒聊為例。K先生問了句：「最近有什麼有趣的事嗎？」M部長便回答：「雖然不是有趣的事，但前陣子我在千葉的分店有客人突然倒地，那可嚴重了！店長手忙腳亂，沒能緊急處理。」

　　於是，K先生立刻製作緊急SOP手冊，並提案舉辦研習會。由於那個企劃來得很即時，所以立刻就獲得採納。由於

M部長那家公司在全日本有2000家分店，所以這個提案成了一件豐功偉業。

若要透過閒聊帶來工作機會，就必須打開天線，並提高敏銳度。K先生雖然只是默默聆聽，但總是很認真在思考閒聊內容是否能和工作連結。

若彼此是初次見面或不太熟，或許很難閒聊，但假如對方還有時間，請你務必要善用閒聊。

「您喜歡吃什麼呢？」「您最近去過什麼好店嗎？」「某某選手在大聯盟非常活躍呢！」光是聊這些，就能知道對方對食物的喜好、常去的店家、是否關注運動賽事等個人資訊。此外，視話題的後續發展而定，或許還能得到什麼和工作有關的資訊。

閒聊在公司內部也很有效，你若能輕易和上司閒聊，就表示你們之間的互信關係夠強大。與人閒聊，自然就能了解對方的個性，而閒聊中說不定還隱藏了和人事相關的資訊。

Point

你的工作成果是好是壞，取決於你把「閒聊」當成垃圾話，抑或是問出消息的好機會。

參加說明會的注意事項

☐ 事前列出要問的事項清單

☐ 製造讓對方容易開口的氣氛

☐ 一邊做筆記，一邊認真聽對方說話

☐ 提出「開放式提問」

☐ 把對方說的話做摘要

☐ 用「封閉式提問」做確認

☐ 針對沒提到的內容做補充詢問

☐ 在說明會結束後彙整內容

☐ 視需要追加提問

第 3 章

企劃書
不要劈頭就開始寫

　　聽了委託人解說之後，不可以馬上坐在電腦前開始寫企劃書。在實際著手撰寫之前，有幾件事情要先確定。在這一章，讓我們來探討正式開始作業之前該思考的事。

按照這7大步驟進行，就能無負擔地完成企劃書

接到委託或參加說明會之後要著手撰寫企劃書，但從來沒寫過企劃書，或者是還不熟練的人大概不知道該怎麼進行，也不知道該寫些什麼吧？

我要問個唐突的問題：你在下廚時會按照什麼樣的步驟進行呢？應該不會馬上就從冰箱拿出食材開始炒吧！你大概會先思考要做什麼菜色、如何烹調，列出所需的材料，假如有缺什麼就去添購，湊齊所需的食材。回到家之後先是洗菜、切菜，再動手烹調，最後以中意的盤子盛裝菜餚，如此才算完成。

撰寫企劃書的順序和做菜很相似，同樣不會立刻開始。**撰寫企劃書有7大步驟**，只要如下所示逐一完成，就能無負擔地寫出優秀的企劃書。

接到寫企劃書的委託時，步驟1是思考「**要撰寫什麼樣的企劃書**」。接著，步驟2是安排**時程**，步驟3是決定**提案格式**，步驟4是建立**假說**並確定**架構**。若將這幾個步驟比喻成下廚，便相當於思考「要做什麼菜色、如何烹調」的階

段。接著是相當於準備食材和洗菜、切菜的階段。 步驟5 為列出**所需資訊**，加以收集、整理。

再來是最重要的階段（相當於烹調），亦即 步驟6 「根據收集到的資訊，思考**解決問題的方法**」。

最後是盛盤，亦即步驟7「將上述一連串的程序**寫成文章**，製作成企劃書」。

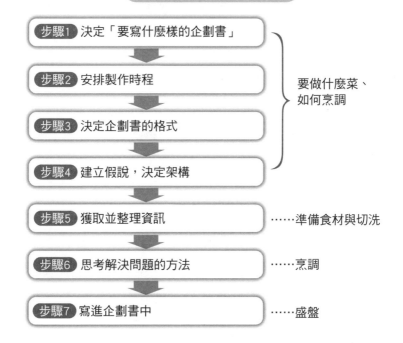

撰寫企劃書的7大步驟

- 步驟1　決定「要寫什麼樣的企劃書」
- 步驟2　安排製作時程
- 步驟3　決定企劃書的格式
- 步驟4　建立假說，決定架構

要做什麼菜、如何烹調

- 步驟5　獲取並整理資訊　　……準備食材與切洗
- 步驟6　思考解決問題的方法　……烹調
- 步驟7　寫進企劃書中　　　　……盛盤

Point

不要埋頭就開始寫企劃書，而是按照7個步驟先構思、準備，再開始製作。

了解提案對象的個性，
企劃案會更容易通過

　　無論是受到主管、客戶委託，或是你自發性提案，都一定有**提案的對象**。在開始動手撰寫之前，心中要有提案的對象。

　　對方是急性子還是慢郎中？

　　他的想法是偏向保守還是創新？

　　他很講求邏輯，還是很情緒化？

　　假如提案對象個性急躁，而企劃書頁數又多的話，你要先在開頭簡單列出結論和摘要，接著才進入正題。否則的話，當你想要依序逐頁說明時，對方就會先翻到2～3頁後了。

　　若對方觀念保守，你提出太嶄新的企劃案便不會獲得採用。無論你的提案內容可望收到多大的成效，對方還是會基於個性而猶豫。相反地，若你對喜愛創新的人提出延續舊有作法的企劃案，他將會質疑：「難道沒有更嶄新的構想嗎？」

　　面對講求邏輯的對象，你要特別注意邏輯推論的過程。一旦內容有半點邏輯矛盾之處被抓到，企劃書很可能會被丟進垃圾桶。

從前，某家企業有一位人稱「紅筆室長」的廣告部門主管，他手上總是拿著紅筆，一聲不吭地開始閱讀企劃書，把它改得滿江紅再默默退件。提案人要是不修正紅字的地方並重新提出，那位主管就不會認真考慮企劃案內容。

這雖然是個特殊的例子，但當對象不同，便有各種不得不注意的地方。為了讓企劃案通過，連對方的**年齡、職位**和**個性**都必須納入考量，**先仔細思考「對方能接受或不接受什麼樣的內容」再開始撰寫**。

有一次，我向創立某家企業的會長提出週年企劃案，他已經超過80歲，但仍然握有經營權，很有決斷力，也非常忙碌。

我將企劃案濃縮成1張A3用紙，請會長給我15分鐘，利用這段時間拿給他看，同時做簡報。我將文字設成14號的大字體，因為我事前打聽到會長視力不佳，左耳也聽不清楚，所以我便坐在他左前方，說話也盡量提高音量。

我只說明5分鐘，會長便說：「我明白了，這樣就夠了。」決定採用我的企劃案。他說，我的企劃案簡潔易懂且切中要點，但我認為，事前得知會長的個性和身體狀況才是成功的主要因素。

Point

想一想企劃書是要給什麼樣的人看，構思適合對方的寫法和內容。

找出「真正的問題」，才能決定企劃案的大方向

企劃書的目的是提出解決問題的具體方案。要是沒能**確切掌握客戶或委託人的問題**，提案就無法切中核心。

若問題明確易懂，要製作企劃書就沒那麼困難，只要想想該怎麼做才能解決問題，以及要以什麼形式提案，要決定方向性便相對簡單。

舉例來說，若委託人的要求是「職場環境有問題，請你設計新的辦公室配置」，主題就很明確，可以先實地調查工作環境出了什麼問題，或是聽取員工的意見，接著便能設定企劃案的大方向，例如「移走倉庫，讓每位員工有更寬闊的空間可運用」，並且參考辦公室過去的配置，藉此來製作新方案。

但另一方面，也會遇到問題並不明確的情況。很多時候，就連主管或客戶都不明白問題出在哪裡，只提出「業務效率很低落，你要想辦法改善」這種模稜兩可的委託。

當你遇到這種情況，首先要**問出問題所在**，例如「是哪方面的業務效率低落？」、「是全公司都這樣，抑或是只有特定的部門如此？」，以便找出**真正的問題**。

但是，即使提出上述疑問，有時仍然難以得到明確的回答。倘若多次發問，對方很可能會說：「負責思考這一點並提案，就是你的工作！」「別囉哩囉嗦地問這麼多，給我自己想！」

這時，我建議你按照下面3個步驟找出真正的問題所在。

步驟1	抽絲剝繭	透過實地調查或聽取意見，列出現況的問題。
步驟2	分析問題	分析「問題為何會發生」。
步驟3	設定課題	思考該改善的課題。

只要扎實地執行上述步驟，問題就會更明確。

浮現出來的問題，有可能是部門內部溝通不良，也可能是業務SOP尚未確立、設備老舊，或是員工欠缺動力。問題有時只有一個，有時候則是兩個以上，但只要能發現問題，「要如何解決」與「確立解決方向」就沒那麼困難。

Point

為了製作企劃書，你必須明確掌握委託人的「問題」所在。

先判斷提案類型屬於「戰術型」或「戰略型」，才能妥當安排時程

　　視委託主題而定，企劃書可分為2大類，亦即🅐**戰術型企劃書**與🅑**戰略型企劃書**。

　　接到企劃書的委託時，要先想想該製作🅐或🅑哪一種。種類不同，企劃書的進行方式、結構、寫法、製作時程和負擔都大不相同。

🅐 戰術型企劃書

　　舉例來說，若委託人請你構思春季的門市促銷企劃案，你該寫什麼樣的企劃書才好呢？

　　以這個情況而言，主題很明確，委託人要的就是具體的促銷方案，企劃案簡單寫的話大概是A4紙3～4張，最多也只要10張。

　　諸如公司內部的企劃、舉辦研討會、季節性的廣告企劃等等，規模都比較小，目的是在短期內實施。因此，比起分析現狀，提出**新點子**和**實施計劃**才是企劃案的重點，屬於🅐戰術型企劃書。

除了要附上設計圖，必須請專業人士幫忙的情況之外，
🅐戰術型企劃書一般都是**由接到委託的人獨自作業**，1～2週
就能完成。假如你已經很熟練了，3～4天就能寫好。

🅑 戰略型企劃書

若要提出年度販售企劃案或事業規劃案，你必須徹底掌
握各種數據和狀況，**抽絲剝繭找出問題所在**，**並想出好幾種
解決方法**。由於收集和分析資訊都得縝密進行，所以要製作
企劃書會花上不短的時間，頁數從50頁到100頁以上都有可
能。這屬於🅑戰略型企劃書。

製作🅑戰略型企劃書時，光是收集、分析資訊就是很大
的負荷。有時候，光靠既有的資料還不夠，必須實施調查。
這樣一來，光靠自己一個人是無法完成企劃書的，得請內部
員工或外部的合作公司也一起參與，**組成團隊來製作企劃
案**。

至於期限，光是1、2週也不夠，需要花上更長的時間。

接到企劃案的委託，或是聽了說明會之後，首先要**迅速
判斷企劃書屬於🅐戰術型或🅑戰略型**，盡快著手安排日程或
組成團隊。

Point

企劃書分為「戰術型」與「戰略型」，製作方法有很大的差異。

萬一來不及在期限內提出，再好的企劃書也不被理睬

　　如果你問我：「在製作企劃書這方面，哪一點最重要？」我的答案是**「時間安排」**。

　　收集可靠的資訊、加以正確分析、根據資料來建立概念、想出解決問題的點子等等雖然也很重要，但**最重要的還是「在期限內完成企劃書」**。

　　無論你寫好的企劃書有多棒，要是過了期限才提出，便可能不被接受，或者是即使對方還願意一讀，但第一印象依然很差。尤其是參加提案競賽時，就算只慢1秒鐘仍然會被視為棄權，最好抱著事後提出也不會被接受的心理準備。

　　接到企劃書的委託時，你要當下就確認期限。**即使是簡單的Ⓐ戰術型企劃書，至少也要確保在說明會後有2週時間。**光是寫企劃書並不會花上太多時間，但說不定需要時間收集相關資訊和熟讀資料。此外，若要製作估價單，就必須委託相關企業或合作公司報價，而數字不一定馬上就會出來，畢竟他們也不是只有你的工作要做，所以最好想成至少會花上1～2天。假如是要舉辦活動的企劃案，還可能需要花點時間開會商討。

這樣一想，光是事前準備，一週很快就過去了。之後還要撰寫企劃書，所以至少需要兩週。

有些委託人可能會說：「上面在催了，你簡單寫一下就好，能不能在3～4天內完成企劃書？」提出如此強人所難的要求。但這裡就是重點，要寫出像樣的企劃書是需要時間的，**即使只多1天也好，要盡量爭取時間。**

假如提案內容是新產品特賣會、年度行銷企劃或活化社區等等，**要製作的是❽戰略型企劃書的話，要做好至少得花上一個月的心理準備。**

現代和過去不同，所需資訊很大一部分透過網路就能很有效率地收集到，但有時候或許還需要實施調查或實地勘查。此外，若必須提出設計圖，就要先有概念以便開發新的設計，再由設計師根據概念來製作像樣的設計圖，至少需要一週的時間。

以❽戰略型企劃書來說，委託人也了解這類企劃案無法很快就完成，應該會給予夠長的期限，但你仍然要在這時多爭取一些時間。

Point

在期限內完成企劃案是必備條件，戰術型企劃書至少要有兩週時間，戰略型企劃書則要爭取到一個月以上。

根據不同條件分別使用，就不必煩惱格式

　　無論是對內還是對外的企劃書，格式通常都是A4，採用直式或橫式都可以。

　　寫內部企劃書時，若公司有慣用的格式就沿用，沒有的話兩者皆可，但一般多用直式，以微軟的Word製作而成。

　　若是要提供給公司外部的企劃書，而且含有圖表或表格，則採用橫式。這時，使用微軟的PowerPoint製作會很方便。

　　要用直式或橫式，也取決於企劃書的內容多寡。假如是**單張企劃書**（參見 法則060 ）或2～3張左右的企劃書，無論是寫給公司內部或外部，我建議都用Word製作成直式。

　　如果企劃書超過10張，使用PowerPoint製作成橫式，分頁時會比較有效率，不但容易瀏覽，也很美觀。

　　特別是**要在簡報會上播放投影片時，一定要用PowerPoint製作成橫式**，而且最好減少單張投影片的文字量，好讓別人從遠處看也看得清楚。

直式與橫式企劃書的格式範例

直式企劃書

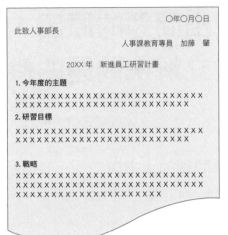

○年○月○日

此致人事部長

人事課教育專員　加藤　肇

20XX 年　新進員工研習計畫

1. 今年度的主題

ＸＸＸＸＸＸＸＸＸＸＸＸＸＸＸＸＸＸＸＸＸ
ＸＸＸＸＸＸＸＸＸＸＸＸＸＸＸＸＸＸＸＸＸ

2. 研習目標

ＸＸＸＸＸＸＸＸＸＸＸＸＸＸＸＸＸＸＸＸＸ
ＸＸＸＸＸＸＸＸＸＸＸＸＸＸＸＸＸＸＸＸＸ

3. 戰略

ＸＸＸＸＸＸＸＸＸＸＸＸＸＸＸＸＸＸＸＸＸ
ＸＸＸＸＸＸＸＸＸＸＸＸＸＸＸＸＸＸＸＸＸ
ＸＸＸＸＸＸＸＸＸＸＸＸＸＸＸＸＸＸＸＸＸ

橫式企劃書

日和化學股份有限公司鈞鑒	1　促銷目的
「安心清潔」新上市促銷 實施企劃案　20XX 年○月○日　大型廣告股份有限公司	①提高產品在目標客群中的知名度 ②提高產品在通路的能見度和進貨率
2　促銷概念	3　促銷策略
使用 100%天然材料，不傷肌膚， 友善環境，且去汙力更勝以往	**以電視廣告為主，報紙廣告為輔， 並舉辦活動** ①促銷對象 　主要客群為 30 歲以上家庭主婦 　次要客群為通路相關人士 ②促銷期間 　○○年 5 月 1 日～5 月底 ③實施地點 　關東地區

Point

　　若沒有慣用格式，篇幅短或只有文字的企劃書採用直式（Word），篇幅長或有圖表的企劃書則採用橫式（PowerPoint）。

只要找出問題的原因，就能建立解決問題的假說

◎ 找出解決問題的大方向

從這一節起，我們就要正式開始企劃。所謂的「企劃」就是為了解決問題而提案。為此，你必須先建立能解決問題的**假說**，這可以想成是「**在開始收集資料並詳細研究之前，要先確立大方向**」。

舉例來說，假如說明會上的要求是「提出化妝品的春季促銷企劃案，目標客群鎖定男性上班族，預算要控制在5000萬日圓以內，實施地區為首都圈」，由於主題明確，所以要確立大方向沒那麼困難，可以想到的點子有：「只有這些預算的話，大概不可能買電視廣告吧！」「以男性上班族經常接觸的媒體為主，搭配網路廣告和大眾交通工具廣告應該會有效。」「在獨創性這方面，我想提出前所未有的創新企劃案」等等。

另外，以「請提案改善本連鎖照相館的成人式使用率」為例，可以想到的點子有：「促銷對象要鎖定為實際負擔攝影費用的父母或祖父母」、「連攝影棚一整年的使用率也考慮在內，提供優惠給在成人式前就來拍照的消費者」等等。

上述這些就是第一階段的假說。

不必太在意細節，只要找出大致的方向，思考要企劃什麼樣的內容即可。

建立假說之後，就能著手收集並研究驗證假說和實施企劃所必要的資訊，訂定具體的執行計畫，於是企劃案自然就會成形。接著，把內容用文字陳述得簡單明瞭，就是一份企劃書了。

◉ 委託內容模稜兩可時，回溯「問題的肇因」……

然而，有時候委託內容可能不清不楚，例如「敝公司的主打商品滯銷，請提出能促進銷量的企劃案」。

這時，重點在於先了解商品滯銷的**原因為何**。

若委託人沒有揭露原因，你就必須自己找出來。當原因不同，要解決的問題也不同。

你要找出真正的原因。是因為競爭對手推出了優秀的產品嗎？是因為消費者用膩這款商品了嗎？是廣告和促銷做得不好嗎？還是業務員的問題？比方說，若得知原因是「競爭對手加強促銷，委託人敗在商店的陳列規模」，就可以聚焦在加強促銷上，思考促銷的大方向，便能建立假說。

Point

在開始收集資料或研究細節之前，要先確立解決問題的大方向，亦即「假説」。

組合這4種要素，就能寫出「有傳達效果」的企劃書

建立解決問題的假說之後，就可以根據它來構思**企劃書的架構**。

人都有自己的**思考模式**，靠它來認知並判斷事物。企劃書也一樣，只要**架構符合人理解、判斷事物的思考流程**，就容易讓人理解。

企劃書要符合一般人的思考模式才有效，亦即由下列4種要素組成。

首先是❶**背景**（有時則是**前提**或**條件**），亦即列出**問題的成因**、**委託動機**，以及周邊的**內在與外在因素**。若是自發性的提案，就要寫提案動機。不過，假如是簡易的**單張企劃書**，有時候也會不寫「背景」。

接著是❷**目的**，要盡量簡潔地寫下你**想透過這份企劃案達成什麼事**。若再加上**目標數字**會更具體。

再來是❸**戰略**，亦即記載達成❷目的的方法。大多情況下，方法不只一種，而戰略則是要明示「**採用哪個方法最有效，也最經濟實惠**」。假如你要寫的是戰術型企劃書，而委

託人已經告知戰略內容，你只需要提出實施計劃的話，這個部分可以省略不寫。

最後是❹**實施計劃**，要記載❸戰略的具體執行方法，也可代換為**戰術**。舉例來說，若策略是「以電視廣告為主要媒體」，訂定「在哪家電視台、哪個時段、花多少預算打多大的廣告」這種具體的計畫並記載下來，就成了實施計劃。

無論是單張或好幾十頁的企劃書，這4個要素都不變，只有各個部分的份量不同而已。

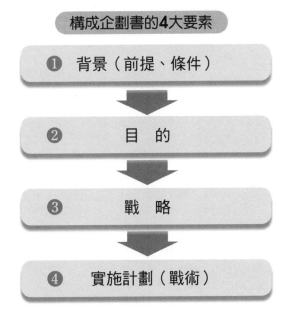

構成企劃書的**4大要素**

❶ 背景（前提、條件）

❷ 目　的

❸ 戰　略

❹ 實施計劃（戰術）

Point

以❶背景❷目的❸戰略和❹實施計劃這4大要素組成，讓企劃書更容易被理解。

先確定架構，
企劃書就完成了**50%**

按照 **法則022** 所解說的建立假說之後，下一步是根據假說，思考要在企劃書的4大要素（ **法則023** ）中填入什麼樣的內容。以廣告促銷企劃案為例，架構大致如下：

> ❶ **背景** 分析客群、商品和競爭對手
> ❷ **目的** 簡單記載促銷目的
> ❸ **戰略** 寫下概念、目標客群、促銷期間、地點和使用媒體
> ❹ **實施計劃** 記載「如何運用媒體打廣告」的具體規劃

至於實施計劃中的**費用和日程表**，則可以如右圖所示，記載在另一頁。

視企劃主題而定，若是戰術型企劃書，或許不需要寫❶背景和❸戰略，抑或是簡單寫一下即可。

假如企劃書的張數不少，你可以如右圖所示，**事先把架構輸入到電子檔，在每一頁加上標題**，事後只要根據標題填

進內容即可。只要架構先確定，你還可以委託別人製作其中一部分。

　　當你熟練之後，企劃書的整體樣貌就會浮現，例如要強調哪個部分、各段落的份量大約有多少、實施計劃中有沒有哪裡需要事前取得估價等等。到了這個階段，製作企劃書的作業可說已經完成一半，可以看到終點了。

企劃書的架構範例

費用

日程

實施計劃

戰略*

目的

背景*

封面

＊戰術型企劃書
有時不需寫背
景和戰略。

Point

　　根據設定好的假説，構思這4個部分要填入什麼內容，企劃書的整體樣貌就會浮現。

團隊合作讓企劃書
寫起來更輕鬆

　　企劃書不只是一個人寫，有時也會由好幾個人共同作業。簡易的企劃書由一個人來寫會比較有效率，但換成「年度行銷計畫」這種大型專案，或者是必須解決好幾個問題時，要是期限不夠長，一個人做負擔太大。此外，大型企劃案會需要進行調查或設計，必須要具備專業知識或技能，這時就要**組成團隊來撰寫企劃書**。

◉ 多人合寫企劃書的進行方式

　　當你是負責人，預計要和多位成員共同作業時，要事先製作**概要筆記**，以便和其他人分享委託人在說明會上提到的內容，筆記上除了**說明內容**之外，還要記載**各種資訊、注意事項和企劃的大方向**。

　　此外，還要舉辦簡單的**報告會（briefing）**。不僅用概要筆記說明，還要決定職責分擔，包括誰負責哪個部分、誰負責最終統整，若要做簡報的話，誰要當簡報人等等。最後再決定作業日程就結束了。

之後，你要一邊盯著進度，一邊和組員多次商討以求磨合。這時的重點在於，**要仔細檢查企劃書的記載內容有無矛盾**。

舉例來說，若負責調查的人將主要客群鎖定為「居住在首都圈的30多歲女性」，但負責撰寫戰略的人卻寫「40多歲女性」，如此一來前後明顯欠缺整合性，必須確實統一。

經過多次磨合後，由負責統整的人進行最終整理，將企劃案完成。

◉ 團隊撰寫企劃書的優缺點

組成團隊來撰寫企劃書不僅能減輕你的負擔，還可以把自己不專精的事項交給別人，點子也會更多、更不受限。此外，你還能利用團隊成員的人脈，擴展資訊來源。

團隊合作最大的好處，應該是可以獲得「自己不是一個人」的安心感吧！而且，合力進行縝密作業能加強你和團隊成員之間的聯繫，結交好夥伴，這是一輩子的收穫。

另一方面，團隊合作的缺點是需要商討和調整，必須整合所有人的邏輯和風格，花心力進行管理。你要把缺點也放在心上，設法應變。

Point

團隊合寫企劃書雖然要花相應的心力，但也有許多優點，能夠減輕個人負擔，拓展可能性。

開始個別作業之前的準備工作

□ 了解製作企劃書的步驟

□ 心中要有提案對象，建立對策

□ 找出必須解決的「真正問題」

□ 判斷要寫的是「戰術型企劃書」或「戰略型企劃書」

□ 安排妥當的日程表

□ 決定格式要用直式或橫式

□ 確立解決問題的假說

□ 決定企劃書的架構

第 4 章

最有效率的
資訊收集術

　　若無法迅速取得正確資訊，就解決不了問題。本章
將解說收集資訊的方法。資訊就是力量，不僅在撰寫企
劃書這方面是如此，在現代所有商業場合上也是如此。
請你和我一起來學習在所有場合都能派上用場的資訊收
集術。

釐清所需的資訊種類，收集起來會更順利

正確的資訊能讓企劃書更有可信度和說服力。為此，**收集資訊**是不可或缺的，但若胡亂收集便沒有意義。若要更有效率，你要掌握所需資訊為何，**只收集必要的資訊。**

一般來說，寫企劃書會用到的資訊大略分成下列3種。

❶ 宏觀資訊

宏觀資訊是指國勢調查或白皮書等和**政治、經濟、社會、技術等整體動向相關的資訊，**包括中央、地方政府和民間智庫發表的資料，以及報紙、雜誌、書籍上刊登的資訊。

❷ 企劃補強資訊

這是指**讓企劃案更有說服力的資訊，**和客群、目標商品與競爭對手有關，可以透過問卷調查、訪談、實地調查，或從專業雜誌的報導來收集。

以數字來呈現的調查結果容易讓人信服，是特別重要的企劃補強資訊。

❸ 執行所需資訊

亦即**要執行此企劃案所需的資訊**。以在報紙或電視上打廣告為例，廣告費和刊登條件就屬於此類。若要舉辦活動，活動會場的平面圖、搬入口和允許搬入的時段等，都是一定要事先調查的資訊。

在大型專案或年度企劃等**戰略型企劃書中，❶宏觀資訊相當重要**。

相較之下，在短期促銷案等**戰術型企劃書中，❷企劃補強資訊和❸執行所需資訊比較重要**。

資訊種類

❶**宏觀資訊**
用來分析企業與商品所處的情況、市場與競爭對手等

❷**企劃補強資訊**
讓企劃案更有說服力

❸**執行所需資訊**
例如實施條件或估價等資訊，用來輔助企劃的執行

戰略型企劃書

戰術型企劃書

Point

戰略型企劃書的重點是「宏觀資訊」，戰術型企劃書的重點則是「企劃補強資訊」及「執行所需資訊」。

收集這些資訊，
就能訂立企劃並執行

在 法則026 ，我提過資訊可分為❶**宏觀資訊**，❷**企劃補強資訊**與❸**執行所需資訊**等3種，但它們具體上分別是什麼樣的資訊呢？

讓我以觀光企劃書為例來說明，假設某地的觀光協會請你提出「**能吸引國內觀光客的年度宣傳企劃案**」，這時要收集的資訊如下。

首先是❶**宏觀資訊**，透過「全國觀光客人次統計」、「住宿人次統計」、「觀光消費動向調查」等等，來了解**國內旅遊人次變化、各年齡層的觀光客人數、各個觀光地的旅行實況與觀光消費實況**。這些資訊都由觀光廳或財團法人日本交通公社公開在網路上。[1]

我們能從這些宏觀資訊中，掌握到**整體的觀光需求、未來性與該地區的潛力（Potential）**。

次要的是❷**企劃補強資訊**，首先要調查目標客群，研究過

1　譯註：此為日本的情況，台灣可逕洽交通部觀光局或財團法人台灣觀光
　　協會。

去曾經到此旅遊、對這個地區有興趣的旅客都是什麼樣的人。每個地區多半有觀光的相關統計數據，可以從中獲取資訊。

得知目標客群的資訊之後，你還必須了解當地特色，以便宣傳。

你要調查該地有什麼樣的觀光景點、名產和伴手禮，這些資訊在當地的觀光協會或縣市鄉鎮公所都有。除此之外，在網路上搜尋也能找到各種資料。

另外，交通和住宿在觀光上特別重要，所以也需要**交通方式**和**旅宿資訊**。

我建議你連**競爭區域**的資訊一起收集，找出競爭對象具體上是哪裡、有什麼觀光景點和名產，以及它較優異或較居劣勢之處。

只要收集宏觀資訊、目標客群、地區資訊與競爭區域的資訊，就能建立**宣傳戰略**。

最後，你還需要❸執行所需資訊。

若要以網路作為宣傳主力，可能有需要重新架設網站，所以必須事先掌握所需時間和預算。此外，若要以影片呈現觀光景點，還要調查拍片所需的時間和費用。

還有，若要在東京等主要都市舉辦活動，就需要活動場地的相關資訊。

Point

配合要做的企劃案，思考具體上需要什麼樣的「宏觀資訊」、「企劃補強資訊」和「執行所需資訊」。

收集太多資訊反而會迷失

我想，應該有很多人在寫企劃書這方面還不熟練，也不太知道要收集什麼樣的資訊，以及該收集多少才夠用。

其實，**資訊並不是越多越好**。你只需要最低限度的資訊量，足夠解決問題和說服對方即可。

以「展店企劃」這種**戰略型企劃書**來說，宏觀資訊很重要，企劃書少了它就不成立。此外，還必須考慮到經濟成長率、消費者動向、預測地價與今後是否有鋪設道路或鐵路的規劃。

然而，一般商務場合所需的多半是**戰術型企劃書**，幾乎不需要寫宏觀資訊。

舉個例子，假設主管打算設置顧客諮詢室，要你負責企劃，所需資訊有哪些呢？

以這個情況而言，宏觀資訊並不需要，你只要收集「當下有幾件什麼樣的諮詢」、「公司都如何應對」以及「問題為何」等資訊就夠了。

我建議你去收集諮詢件數的數據，向負責人打聽諮詢內容與應對方式。

另外，你還要查查看其他同業有沒有設置顧客諮詢室？假如有，他們又是如何應對？你還能以使用者的身分打電話給同業的諮詢室，藉此了解實際狀況。

只要能收集到上述資訊，就寫得出一定水準的企劃案。別認為資訊越多越能提高企劃案的可信度，也別想要藉此贏得委託人的好評。

光是收集資訊就要花費時間和勞力，若實施調查還得花錢，要分析收集到的資訊也必須花時間。

經常有人收集太多資料，拚命加以整理並分析，但**對方要的是能妥善解決問題的方法**。要是花太多時間收集資料，沒空構思最關鍵的戰略和製作執行方案，那就本末倒置了。

而且，若自以為「既然都特地收集資料了，就盡量塞滿」，原本應該力求簡潔的企劃書反而會變得很冗長，也不好懂。

一般來說，做行銷時所需的資訊有4種：❶**商品資訊**（商品或服務的基本資料），❷**市場資訊**（市場整體動態與通路），❸**消費者資訊**（目標客群），以及❹**競爭對手資訊**。**上述每個項目都只要有一項能夠說服人的明確資訊就已經足夠**，再加上估價等**執行所需資訊**即可。

Point

你要找出最低限度的所需資訊，只收集那些就好，以免花費過多時間、勞力和費用。

從委託人手上獲得資訊，就能省下不少心力

假設主管拜託你提出新進員工的研習計畫，這時不要埋頭自己收集資訊，而是先問主管是否握有你需要的資訊，例如過去實施研習的資料和今年新進員工的資料。大多數情況下，主管會給你所需資訊，即使手邊沒有，也會指示你要去哪裡獲取。以公司內部來說，**只要問委託人，大多都能得到所需資訊**。

以我自己的經驗而言，客戶委託我企劃時也是如此，要訂定企劃所需的大部分資料都在客戶手上。

假如是新產品的上市企劃案，客戶的產品開發部門通常握有商品資料，並且在開發商品的階段研究過目標客群和競爭對手，所以應該會有基本的資訊。

但是，那些資訊的詳細內容一般**不會在說明會上公開**，客戶通常都抱著「你有問，我才會給，沒問就不給」的態度。

因此，我建議你問問看：「您手上有這些資料嗎？」只要是從「為了提案給您」的立場出發，應該能不客氣地開口詢問才是。你只要說出具體上想要什麼樣的資訊，客戶就會

釋出很多資料給你。我曾好幾次在對方說「僅供您做簡報所用，請勿外流」的情況下，拿到機密資料。

　　若能從委託人手上拿到許多資料，就能省下收集資訊的心力，在時間和費用上都更輕鬆。此外，更重要的是還有一個好處，亦即能夠和對方共享相同資訊，藉此構思概念和戰略。

收集資訊的方法

詢問委託人	得到客戶手上的資訊	法則029
瀏覽以前的企劃書	主管或老鳥寫的企劃書	法則030
上網搜尋	政府和業界的統計數據	法則031　法則032
活用外部人脈	專家或媒體從業人員	法則033　法則034
上圖書館查資料	報章雜誌和書籍	法則034
詢問中央政府	詢問專責主管機關	法則034
委託外部協助組織	委託調查公司	法則034
實施獨自調查	實際跑第一線或聽取意見	法則035　法則036
上街收集資訊	去專賣店或做定點觀測	法則037

Point

　　接到企劃案的委託時，委託人可能握有重要資訊，最好請對方提供。

舊有的企劃書中
也能找到可用資訊

　　在 法則001 中，我提到還不熟練時可以偷學別人的企劃書，模仿是個學習寫企劃書的方法。

　　如果你不知道該寫什麼樣的企劃書，就**先拿主管或職場老鳥以前寫過的企劃書來看**。同個部門的人多半寫過主題類似的企劃書，許多公司都會把舊有的企劃書存放在共享資料夾裡，建議你從中找出委託人或主題相似的企劃書。

　　從前的企劃書不僅能讓你學到企劃書的寫法，還能學到要收集什麼資訊、如何分析資料和訂立企劃。

　　其中當然還含有寫企劃案所需的資訊，若你覺得能派上用場就直接運用，或者是更新一下內容即可。

　　當你越來越熟練，累積了不少自己寫的企劃書，就要製作自己專用的**企劃書檔案庫**。假如檔案庫內容豐富，接到企劃書的委託時就不會手忙腳亂，多半能在檔案庫中找到類似的範本，或者是稍微修改一下就能用，大幅省下製作心力。

　　如下圖所示，我有一個資料夾名叫「齊藤製作」，用來放自己撰寫的企劃書。此外，還有「參考企劃書」

的資料夾，用來保存別人的企劃書；還有個「參考版型
（Layout）」資料夾，用來存放排版或視覺圖像可供參考的
企劃書。

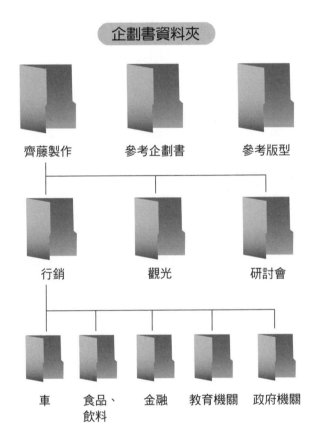

企劃書資料夾

齊藤製作　　參考企劃書　　參考版型

行銷　　　　觀光　　　　研討會

車　　食品、　金融　教育機關　政府機關
　　　飲料

Point

　　職場老鳥或同事製作的企劃書，以及自己從前寫過的企劃書都是重要
的資料來源。

善用網路，
收集資料便事半功倍

在以前，收集資料是一項很吃力的作業。尤其是要收集❶**宏觀資訊**時，必須整理國勢調查數據，或是實施大規模的調查，得花費許多時間、勞力和金錢。

但現在很多必要資訊都能在網路上找到，輕鬆許多。

說到宏觀資料，只要利用日本政府的綜合統計窗口「**e-Stat**」[2]，就能輕易收集到各政府部門公開的統計數據。

e-Stat是日本於2008年4月開始營運的政府統計入口網站，過去分散在各政府部門官網的統計數據都集結在此，提供各種統計數字、預計要發布的與最新的資訊。

該網站不僅提供數字，連主要指數也繪製成圖表，或是在地圖上顯示統計數據，從這裡可以獲得好用的資料。

除此之外，各行各業的資訊，都有各自的業界團體將統計數據或市場調查資料公開在網路上。而且，大型智庫和金融機構也會整理經濟或市場動向的相關資料，上網公布。

---

2 譯註：台灣讀者可使用中華民國統計資訊網 https://www.stat.gov.tw/。

　　就連讓企劃書更有說服力的❷**企劃補強資訊**，以及❸**執**
行所需資訊（包括所需費用在內），很大一部分都能在網路
上搜尋到。即使報價的明細並未公開在網路上，但大多數情
況下，只要寫封電子郵件詢問就能得到答覆。

出處：「e-Stat」首頁　https://www.e-stat.go.jp/

Point

　　在這個時代，連同宏觀資訊在內，眾多資料都能在網路上找到。

善用搜尋功能，
就能有效率地收集網路資料

　　我想，大家在網路上找資料時應該會使用Google或Yahoo!等搜尋網站，但有時候光是輸入關鍵字，也跑不出想要的搜尋結果。網路搜尋引擎其實有幾個方便的功能，多加運用就能很有效率地找到資料。

◉ AND搜尋

　　以「企劃書　資訊」為例，在多個關鍵字中間輸入空白來搜尋的方法就是**AND搜尋**，可以過濾出同時含有「企劃書」和「資訊」這兩個關鍵字的網站。

　　有個方法是在關鍵字中間加上「AND」，用「企劃書AND資訊」來搜尋，但這樣比較麻煩，所以通常都只隔個空白。關鍵字要用3、4個也無妨，過濾出來的結果會更少。祕訣在於，關鍵字要按照重要性排序。

　　當搜尋的關鍵字個數太多，有些關鍵字會被剔除，這時別只是加入空格，而是使用AND，如此一來關鍵字就不會被排除。

◉ OR搜尋

輸入「企劃書OR資訊」，就會跑出包含「企劃書」或「資訊」任一關鍵字的網站。這個稱為**「OR搜尋」**，在想要更廣泛搜尋時是個很方便的功能。

◉ NOT搜尋

從搜尋結果中排除含有指定關鍵字的網站，這種功能稱為**「NOT搜尋」**。例如，若輸入含有半形空白和半形減號的「企劃書 -資訊」，就能從和「企劃書」有關的網站中剔除含有「資訊」的網頁。

◉ 「定義」搜尋法與精準搜尋

當你要查不熟悉的詞彙意思時，就用**「定義」搜尋法**吧！舉例來說，只輸入「briefing」會跑出販賣或介紹商品的網頁，但若輸入「briefing 定義」，就會最先跑出解釋「briefing」是「簡短概要」的網頁。

「精準搜尋」也是個很方便的功能。如果輸入「企劃書的資訊」，搜尋引擎會用「企劃書」和「資訊」去搜尋，但若用「"」把「企劃書的資訊」左右括起來，就只會顯示含有「企劃書的資訊」字串的網頁。

Point

上網搜尋時別只是輸入關鍵字，還要運用各種搜尋小技巧。

善用「弱連結」，
它就是個強大的資訊來源

　　社會學的領域有🅐「強連結」（Strong Tie）與🅑「弱連結」（Weak Tie）這兩個術語。

　　🅐強連結是指**擁有強力連結的人際關係**，家人、近親、好友、職場上司與同事、長時間一起執行同個專案的客戶或合作公司的人都屬於此類。此外，同好、酒友、同一家店的常客也可歸為此類。

　　我有以下的經驗。某次去常去的愛店時突然牙痛，只是自言自語說了句：「不知道哪裡有好的牙醫？」結果其他常客就馬上推薦3、4位牙醫給我。

　　餐飲店是隱藏的資訊來源，不可小看。我曾經從在餐飲店的對話中得到靈感，得以開拓新客戶，還曾在其他常客介紹下，從相關的非營利組織那裡拿到補助金。此外，敝公司現在的顧問稅理士，就是我在餐飲店裡認識的。酒友之間通常沒什麼利害關係，比較願意開誠布公地提供資訊，是很重要的資訊來源。

　　這種由親密人際關係構成的強連結，有很大機率會在你

需要資訊時幫助你，所以要當作**人脈**好好珍惜。我建議你用Excel等軟體製作各類**「強連結清單」**，每年整理一次。

B弱連結是指**比較淺薄的人際關係**，例如遠房親戚、昔日同窗、在職場或集會上交換過名片的對象，以及推特或臉書等社群服務的好友都屬於此類。

在網路普及之前，弱連結很難成為人脈，人們只是把拿到的名片放進名片夾裡，大多都忘得一乾二淨。然而，到了現代，我們能**透過網路來維持人際關係**。以**群眾募資**（crowdfunding）為例，有些事情從前只能仰賴有限的強連結，但如今已經可以透過網路倚靠許多人。

和**A**強連結相較之下，**B**弱連結的職業種類和年齡層比較廣泛。在這個網路社會，弱連結可望成為廣泛的資訊來源。

人脈是從B弱連結拓展而來。我建議你在公開活動或貿易展覽會露面，或是加入「朝活」的行列，盡量收集更多的名片和電子郵件。

Point

在網路普及的現代，你要積極運用從「弱連結」拓展而來的人脈，透過它來收集資訊。

有眾多門路，
就能有效率地收集資訊

近幾年，人們雖然能上網快速搜尋到許多資料，但有時候還是不夠用。為了迅速收集到正確資訊，**你從平時就要有自己的資訊來源**。

「要做郵購企劃時，就去問郵購協會或郵購雜誌社。」「若和連鎖店有關，還是日本連鎖店協會最了解！」「在航空這方面，要去航空協會的圖書館。」諸如此類，光是**知道什麼資訊要去哪裡找**，做起事情會輕鬆許多。若你知道**各行各業的協會和業界雜誌**，以較簡易的資訊而言，打通電話或寫封電子郵件就能獲得。

政府機關也很樂意幫忙，只要你明確告知公司名稱與目的，他們大多都會提供資訊。

此外，若你正在思考如何才能以更便宜的郵資利用郵遞服務，只要打通電話給郵局，對方會很樂意告知。

若你想知道商品與市場流行趨勢，就上**圖書館**吧！那裡網羅了各種雜誌的舊期數，不用花錢就能得到資訊。

如果你身邊有新聞記者或雜誌編輯等**媒體從業人士**，平

時就要和他們打好關係。記者和編輯都是收集資訊的高手，從他們身上能獲得許多靈感。

　　調查公司也是重要的資訊來源。大型公司會公布各種自主調查的結果。此外，若你在調查公司有門路，遇到必須實施調查時就能馬上委託他們。

　　光是「**上街**」這種平凡的舉止，也有助於收集資訊，你要盡量**把可用的資訊來源記下來**。即使它乍看之下和手上的工作無關，但未來或許會派上用場。

　　舉例來說，淺草橋有專賣陳列用具的店家，無論哪家都好，你可以去索取型錄，並且記下幾間店的名字。當你要規劃活動或參加派對時，這些資訊將能作為參考。

　　此外，若你有時間，還要出席各種**展示會**，與人交換名片。即使當下沒有用處，但未來有可能會成為重要的資訊來源。

　　接觸到的資訊來源要分門別類列成清單，不妨用Excel製作。當清單越長，要收集資訊也越有效率。

Point

　　你平時就要累積資訊來源，掌握「什麼資訊可以從何處得到」。

親自到現場能夠得到
網路上找不到的資訊

　　儘管網路上能搜尋到許多資訊，但有些資訊**只有自己跑一趟才能得知**。

　　假設你接到委託，要製作觀光地的宣傳企劃案，透過網路是能夠查到當地的觀光名勝、體驗景點、名產和伴手禮，但我仍然建議你**跑一趟當地，親眼看看那個地區**。如此有可能會發現網路上沒有介紹的當地魅力，或者是發覺實際情況與網路資料有出入。

　　假設你住在東京，那麼前往當地的交通方式是否方便，讓你能夠接受呢？它主打的觀光景點，看在你這個都市人眼中是否有吸引力？

　　此外，你還要去體驗住宿設施，尤其是接待人員的待客之道和餐飲服務。這時，你要**從外人的角度出發**，如果可以的話，還要從目標客群的視角來觀察。某些對當地人來說稀鬆平常的事物，可能對外地人充滿魅力。

　　要進行新分店的開幕特賣會企劃時，你事前要實際跑一趟那家分店。負責人為了拓展分店，理應收集並分析過各種

資料才做這個決定，所以目標客層很明確，應該也很了解競爭狀況。不過，若你實際去到現場，就能親身體驗那是什麼樣的區域。若站在能眺望整家分店的地方好幾個小時，就能觀察到過路人的模樣。此外，若你到店面附近散步，就會對附近的居民有個大致的概念。在訂立企劃時是否擁有這樣的概念，將會大大影響創意的廣度。

另外，自己親自跑一趟所得到的體驗，將能讓你在做簡報時更有自信和說服力。

當你手上沒有緊迫的企劃案要寫時，仍然要親自上街。街上充滿各種資訊，店面的陳設和海報、吊掛在電車上的廣告、路人的穿著打扮等，全部都是資訊。到街上繞繞將能接觸到**靈感來源**。

美國汽車大王福特之所以會想到用輸送帶來大量生產汽車，就是他上街散步時得到的靈感。某天，他走著走著便看到肉品加工廠，在那裡都用輸送帶吊著牛肉，逐步分解各個部位。於是，他便浮現點子：「假如反過來利用輸送帶來組裝，是不是能用來製造車輛呢？」汽車的生產線便是由此誕生的。

Point

　　別只是仰賴方便的網路，自己到現場實際體驗也能獲得重要資訊。

若能有效運用「真實心聲」，便能提高企劃書的說服力

　　來自生產者、消費者和目標客群的意見，稱為「真實心聲」。要製作企劃書時，統計數據、調查報告書和文獻都是可用資訊，但若能善用「真實心聲」來為企劃案背書，會更有說服力。

　　收集「真實心聲」的方法有**焦點團體訪談、傾聽調查與訪談調查**，請你務必嘗試看看。

◉ 焦點團體訪談
（focus group interview，FGI）

　　根據屬性將調查對象分為幾組，每組一般為6人左右，各組聚集在同一個會場，由主持人以座談會的形式，問出調查對象對某個主題的感想與意見。這個方法適合用來掌握**更深入主題的資訊**，探索消費者的真實樣貌、心理和真心話，是在量化的問卷調查中很難得到的資訊。

　　一般來說，做這種調查時，會場通常有監控室，能夠透過單向玻璃看見訪談實況，可以當場聽到最真實的心聲。

　　實施正式的焦點團體訪談時，要給受訪者謝禮、支付場地費用和主持人的報酬，但實施**簡易型的焦點團體訪談**也是個不錯的想法。舉例來說，若你正在企劃專為年輕女性開發的化妝品，你可以找來4、5位認識的女性朋友，自己當主持人，問出她們的意見。若她們能接受的話，光是請她們吃頓高級一點的午餐當謝禮，或許就能得到讓企劃書更有說服力的資訊。

◉ 傾聽調查

　　當上司說工廠員工缺乏動力，要你提出改善方案時，在開始訂立企劃之前，你要親自去工廠聽取負責人、管理階層以及多位作業員的心聲。事先整理出要問的問題，問出現況和問題所在。

◉ 訪談調查

　　相較於傾聽調查要花不少時間深入挖掘對方的情況，訪談調查則是在比較短的時間內問出受訪者的意向。電視新聞經常播出上班族在新橋站前SL廣場受訪的景象，那就是街頭訪談。電視有時也會播出大學教授或特定領域的專家訪談。

Point

　　若想加強企劃書的說服力，最好透過焦點團體訪談、傾聽調查或訪談調查來問出受訪者的真實心聲。

進行「定點觀測」能看出流行趨勢

每年2月中旬一過，那一年的花況預測就會公布，這是透過**「定點觀測」**所推測出來的結果。據說東京的靖國神社裡有氣象廳用來發布花況的標本樹木，每年都會對它進行觀測。

「定點觀測」是個從固定場所（定點）觀測氣象、火山活動、地震與交通流量變化的調查方法，這也可用於**行銷**，亦即每隔一段期間就進行相同內容的調查，研究消費者的購買動向、使用實況與消費意識變化。在零售店或量販店收集銷售資料，也算是一種定點觀測，只要加以分析，就能得知銷售額和一年前相較之下如何。

「定點觀測」可以**自己實施**，不必靠別人。若要了解時代變化和流行趨勢，你不妨**觀察零售店和量販店的店面**，暢銷商品和主打商品會陳列在前方或顯眼的區塊。光看一家店無從得知，但若多跑幾家，應該就能掌握大致的傾向。定期這樣做，你就有了**商品趨勢的資料**。

　　附照片的飲食日記調查也是一種定點觀測。這種調查是為了了解一般家庭的飲食狀況，在我的公司開始實施之後，它應該變得相當普遍了。執行內容是花上一個月左右的時間，調查受測家庭一天三餐吃了什麼。

　　這原本是以問卷調查的形式請受測者做紀錄，記述內容如「晚餐：漢堡肉、蔬菜沙拉、米飯、蔬菜湯」，統計起來是很方便，但沒能掌握真實情況。因此，我們給受訪者拍立得相機，請他們附上照片。結果，我們從中了解到，即使同樣都吃「蔬菜沙拉」，但有的家庭用了多種蔬菜，有的家庭只吃高麗菜絲；有些家庭的米飯只吃白米，但有些或許是顧慮到健康，在白米中添加了一些糙米。拜照片之賜，我們才得以掌握更詳細的飲食內容。除此之外，還能從各個家庭的餐桌配置與供餐方式中看出他們的生活實況及意識。

　　如上所示，實施「定點觀測」不僅能了解**事物的經過和變化**，還能掌握消費者的**意識變化**。

　　若你有時間，不妨向店家取得許可，站在量販店的收銀台附近觀察，就可看出都是什麼人、在什麼時段購買什麼樣的商品。定點觀測要花時間和心力，是一項很需要毅力的作業，但能夠得到相應的資訊。

Point

　　「定點觀測」是每隔固定期間實施相同調查，藉此掌握「變化」，能夠靠個人獨自執行。

有意識地累積執行經驗，就有資訊可運用在企劃書上

　　一份企劃書無論再怎麼縝密，都僅僅是「企劃」階段。當你以為自己收集了足夠的資訊來訂立企劃，有時仍然會在執行階段意外失敗。

　　舉例來說，在舉辦新產品發表會前，你可能寄了邀請函給很多媒體，但當天卻只有幾隻阿貓阿狗出席。「究竟會有幾％的人出席」這種資訊無處可找，只能憑經驗得知，假如從前辦過類似的新產品發表會，你應該就能預估會有多少媒體記者來參加，這就是**透過經驗得知的資訊**。

　　在活動上，諸如器材故障等不照企劃進行的意外狀況經常發生。「機械並不百分之百可靠，有時也會故障」這一點，以及萬一故障了該怎麼應變，這些都要從經驗中學習。

　　如上所示，**有很多事情要等到企劃案真的實施才知道**。有時候，事前資訊可能告訴你某位學者很不合作，但實際接觸才發現他很配合；網路上寫的實施費用很高昂，但實際上議價空間很大，得以用實惠的價格實施。

　　你要有意識地一點一滴累積這些來自經驗的資訊，讓企劃書更具體。

　　我20多歲時曾經為零食廠商規劃過一項「夏季抓魚大會」的活動，讓小朋友和家長在一個巨大的人工池裡徒手抓魚。

　　我透過超市和零售店接受報名，大家反應很熱烈，客戶也很高興地稱讚這是個很棒的企劃。

　　我原本擔心天公不作美，但當天是大晴天，抓魚活動一開始，小朋友和家長都玩得不亦樂乎，主辦單位也有參與，是一場非常好玩的活動。

　　當抓魚活動結束，大家把抓到的魚放進塑膠袋，吃便當的時間也到了，但這時卻發生問題。在炎熱的天氣下，塑膠袋裡的魚因為氧氣不足而奄奄一息，參加者開始起了騷動，活動大失敗。幸運的是，用來搬運魚的卡車上有備用的氧氣筒，我才得以勉強克服危機。

　　由於是戶外活動，我有另外規劃雨備方案，但沒有預料到氧氣的問題。

　　如上所示，企劃在實施時會遭遇許多意料之外的問題。若能活用當時的經驗，就能寫出更好的企劃書。

Point

　　累積執行企劃後才了解到的細節和經驗，運用在新的企劃案上。

注意資訊的這些細節，才不會落入陷阱

　　許多資料都能透過網路收集到，但有幾個要點必須注意。

❶ 資訊的時效

　　資料一旦放上網路，只要沒被網站管理員刪除就會一直存在。有些網站的資訊時效並不明確，可能會讓你不小心收集到過期的資訊。因此，仔細確認那是**什麼時候的資訊**，以**及該資訊至今是否正確是很重要的**。

❷ 資訊的正確性和可信度

　　網路上的資訊良莠不齊，**有些資訊不太可信**。中央政府、地方政府、一般財團法人與大型企業公布的資訊可以相信，但個人提供的資訊有些缺乏可信度，要特別小心。

❸ 明確記載引用來源與出處

　　不僅是網路資料，所有資料都一樣，經過收集、整理和

分析之後就要應用在企劃書上，但必須**明確寫出資訊來源與出處**。引用文獻和數據會牽涉到**著作權**，要謹慎處理。

製作企劃書時允許**引用**資料，但當下必須記載引用來源，如下所示（第85頁的範例）：

出處：「e-Stat」首頁　https://www.e-stat.go.jp/

當你參考了收集來的資料，同樣要清楚寫出參考文獻。來自網路以外，例如擷取自書籍的資料，要像下面示範的這樣加註引用來源。

齊藤誠《模仿而來的企劃書‧提案書撰寫法》（日本能率協會管理中心出版，2010）

之所以要明確記錄引用或參考來源，並不僅是顧慮到著作權而已，**還能增強資訊的可信度**。尤其當引用來源是政府機關或大型智庫時，可信度又更高了。

此外，若平常就好好記錄引用或參考來源，事後要回顧資訊便簡明易懂，能幫助自己整理。

Point

收集資訊時必須注意它的時效、正確性和可信度，使用時要註明出處。

先列出摘要，讓資訊更簡明易懂

　　收集到資訊之後，你要加以分類、熟讀，並把每個項目整理成1～2行的摘要。別把資料直接羅列在企劃書上，而是**分門別類整理得簡潔易懂再提出**。

　　要寫新商品的行銷企劃案時，你應該會收集❶商品資訊、❷市場資訊、❸消費者資訊和❹競爭對手資訊，要分別彙整出簡潔的摘要。

　　舉例來說，當你熟讀❸消費者資訊之後，若發現「在購買這款商品的人當中，20～30多歲女性占了60％」、「大都市粉領族的需求很高」、「消費者重視價格多過品牌」、「有一次買很多備用的趨勢」，就可以整理出下列2行摘要。

　　1.目標客群是在都市圈上班的20～30多歲粉領族。
　　2.這款商品有囤貨的傾向，價格為主要訴求。

　　然後，在每條摘要下方簡單寫一下**原因**。

　　雖然有時要視原因的文字量而定，但只要這樣做，每個項目的篇幅就能控制在1～2張以內。

❶商品資訊❷市場資訊和❹競爭對手資訊，也同樣要先寫摘要。

若有統計數據，在這裡只要列出約1頁的重點，其餘做成附件。

摘要範例

關於市場現況

摘要 ➡ 網路是主要媒介，人們追求輕易就能到手且值得信賴的資訊

人們要的是全球化的資訊，追求數量多、高品質且即時。

- 在這個競爭白熱化的時代，特別是學術、研究和商業領域，資訊量、速度和品質是讓人成功勝出的關鍵。
- 在無國界社會，競爭不僅限於日本國內，而是全世界規模，因此我們必須從全球化的觀點來看待資訊。
- 在這個「專才」比「通才」更容易生存的時代，人們需要更專業、更深入、更全球化的知識。
- 在熟年社會，越來越多人在工作之餘也想要吸取知識來充實自我。

原因

網路已成為主要資訊來源

- 在IT時代，個人電腦已經跨越世代，成為獲取資訊和知識的普遍工具。
- 由於網路發達，人們能夠即時發布和接收訊息。

然而，要獲得可信又準確的資訊並不容易。

- 在IT時代，資訊的量和速度都有了飛躍性的進步，但要從爆炸的資訊中過濾出真正可信的資訊卻很困難，要確保品質。
- 此外，要透過現有的網路搜尋找到真正想要的資訊很花時間。

Point

別把資訊直接列在企劃書上，而是彙整出「摘要」和「原因」。

收集資訊的方法

- □ 詢問企劃書的委託人
- □ 瀏覽從前的企劃書
- □ 在網路上搜尋
- □ 仰賴親朋好友等人脈
- □ 透過圖書館等途徑收集外部資料
- □ 請教政府機關
- □ 請教合作企業
- □ 親自跑一趟來獲取資訊
- □ 靠傾聽來收集真實心聲
- □ 自己做「定點觀測」
- □ 累積經驗，從中獲取資訊

第 5 章

「點子發想術」
是企劃案的關鍵

想憑收集到的資訊解決問題，就要靠腦中的靈光乍現。而這種「靈光乍現」並不是天才的專利，而是有「方法」辦到。本章就來傳授眾多的「點子發想術」，讓你能夠應用在需要創意的商業場合上。

懂得「發想點子的方法」，就能用來解決問題

收集到資料之後，就要根據它來構思能**解決問題**的**點子**（相當於 法則016 「撰寫企劃書的7大步驟」的 步驟6 ）。

真要說起來，企劃書是用來為現況的問題提出具體的解決方法。一般來說，要解決問題時通常會按照右圖的5個步驟來進行（ 法則018 也提及了一部分）。若想寫出好的企劃書，就要按照這些步驟仔細地逐一進行，而「構思點子」就是當中的 步驟4 ，可說是企劃中最重要的部分。

光是漫無目標地想著「有沒有什麼好點子」也沒用。在這個世界上，有許多**前人發現的方法能夠有效想到好點子**。只要懂得方法並加以實踐，它們一定能在你製作企劃書與解決商業問題時派上用場。

在這一章，我將根據自己的經驗，傳授眾多能輕易實踐且效果絕佳的「點子發想術」。

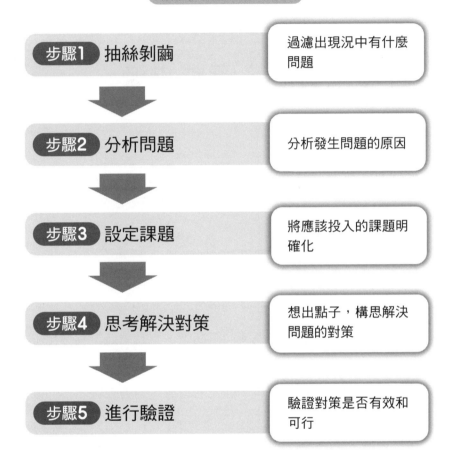

解決問題的5個步驟

步驟1 抽絲剝繭　過濾出現況中有什麼問題

步驟2 分析問題　分析發生問題的原因

步驟3 設定課題　將應該投入的課題明確化

步驟4 思考解決對策　想出點子，構思解決問題的對策

步驟5 進行驗證　驗證對策是否有效和可行

Point

要訂立解決問題的對策前，先學習各種「點子發想術」並實踐會很有用。

觀察周遭，
會發現有許多靈感來源

　　如果你想要產出好的點子，正在煩惱沒有靈感時，不妨從周遭環境中尋找，生活中充滿了許多靈感來源。

◉ 多和別人聊天，製造新的邂逅

　　點子**並非只能靠自己一個人慢慢想**。你要活用人脈（參見 法則033），認識新朋友，藉此找到靈感來源。

　　若和主管、職場老鳥或同事商量，有時將能得到你想不到的點子和啟發。

　　透過電子郵件借用親朋好友的智慧，對方或許能給你某些好建議。

　　請教外部相關人士或專家的意見，便能得到不同角度的見解。此外，和其他行業的人交流，有時會得到意想不到的啟發。

◉ 外出

　　由我擔任董事長的「創造開發研究所」做過一項「現代

人的靈感來源調查」，人們舉出最適合發想新點子的地點是「交通工具上」。你偶爾要外出看看，別只是待在公司的辦公桌前。大眾交通工具上的廣告、窗外的風景與車上的乘客能帶來刺激，活化大腦。

　　走出車廂，到街上晃晃，路人的穿著打扮、市售商品、招牌和陳列都是意想不到的靈感來源。書店裡的書、攝影集、貿易展示會、演講、電影或舞台劇，都有可能讓你浮現新的點子。

◉ 利用媒體

　　網路上有著滿滿的資訊和點子的靈感。舉個例子，若你正在找策劃活動的點子，只要上網搜尋「全國的活動」，一下子就能找到100～200則活動資訊。此外，網路上的橫幅廣告（banner ad）可見到各種促銷活動，也有贈獎活動的網站，你或許能從當中獲得某種啟發。

　　打開**雜誌**，光是薄薄一本，裡面應該刊登了10多種贈獎活動。報紙和夾頁傳單上也有各種企劃。

　　你不妨偶爾試著找一天把從早到晚的**電視**節目錄下來，有空時再仔細觀看電視購物頻道或廣告，如此或許能刺激靈感。

Point

　　別硬逼自己擠出點子，而是從別人、街上和媒體獲取靈感。

觀察大自然，從中得到靈感

牛頓觀察到蘋果從樹上掉落而發現萬有引力。其實，**有很多新技術和新商品的構想，都是觀察大自然或動植物而來的。**

1967年，日本阪急千里線的北千里車站首度引進鐵路自動驗票機，當時主導開發的是立石電機（現為歐姆龍公司）的團隊。在開發過程中，他們想到用皮帶夾住車票，並且在裝置中讀取車票的磁氣資訊，但要是不把插入機器的車票統一轉成縱向，就會在中途卡住而無法順利讀取。要如何解決這個障礙，是個很大的課題。

團隊中的某位成員受託解決這個問題，但他遲遲找不到方法。某一天，他為了轉換心情而去溪邊釣魚，偶然看到溪流上的樹葉因為撞到小石頭而改變方向，這讓他靈光乍現。以此為靈感，他想到要在驗票機裡設置能把車票轉成縱向的障礙物，於是車票就能整齊劃一地通過皮帶。

你知道用來挖掘隧道的潛盾機（Shield Machine）嗎？這種機械是在巨大的圓筒前面裝上像削皮刀一樣的刀片，旋轉刀片就能挖下土石，並且裝上壁板，好讓側面的土石不會崩塌，而它的設計靈感竟然是來自蛀船蛤。蛀船蛤是一種有

「海中白蟻」之稱的生物，牠會吸附在木造的船上，在木材上鑽洞，並且用石灰質的膜包覆洞的側面。英國工程師就是由此發明了潛盾工法，完成泰晤士河的隧道工程。

據說，魔鬼氈的發明靈感是源自石竹科卷耳屬的植物「蒼耳」，它那有著鉤刺的果實會沾附在衣服上。此外，蓮花的葉子會排斥水滴，讓人類發明了防潑水桌巾。500系新幹線列車便是模仿翠鳥的長喙所設計，能夠減少開進隧道時所發出的噪音。

如上所示，我們周遭的大自然和動植物蘊藏了許多靈感來源。**當你在構思點子時碰壁，接觸大自然是個好方法。**

但是，光是漫無目標地看著大自然，也找不到靈感。重點在於**針對某個主題拚命絞盡腦汁思考**，於是就會突然從大自然中得到啟發。

Point

要持續努力思考，碰壁時或許能從大自然中得到提示。

在準備後保留一段醞釀期，能提高靈光乍現的機率

新的點子不會突然自己浮現。要想出點子是有步驟的，而且很有效。英國社會心理學者華勒斯（Graham Wallas）主張，發想點子的過程可分為下列這4個階段。

步驟1　準備期（Preparation）

首先，針對想解決的問題，收集、分析所需的資訊。接著，與人見面或外出（參見 法則042）並多方思考，藉此尋找靈感。

動用過去所有的經驗和工作密技來思考，這樣的過程稱為「深思熟慮」。這個初始階段做得有多徹底，將會大大影響後續的成果。

步驟2　醞釀期（Incubation）

徹底思考過後，要暫時將課題拋在腦後，好好放鬆或改做其他事情，像在孵蛋一樣等待熟成。

我們的大腦在睡覺時也在活動，大腦深處會下意識地進行思考。別著急，而是耐心等待。

步驟3 豁朗期（Inspiration）

某一天，靈光乍現的瞬間將會到來。下意識的思考會和某種提示連結，讓你想到新的點子。

步驟4 驗證期（Verification）

再次冷靜下來，驗證 步驟3 想到的點子可不可行、能否解決問題。

我年輕時在廣告公司任職，有一次曾經幫大型都市銀行規劃總分行的陳列，每2個月就要變更一次，每次都要提出新的構想，而我在那時經歷了和華勒斯4階段假說相同的過程。**當我在拚命思考過後刻意隔一段時間醞釀**，就想出了新點子。各位讀者一定要試試看。

華勒斯4階段假說

步驟1	步驟2	步驟3	步驟4
準備期	醞釀期	豁朗期	驗證期
（Preparation）	（Incubation）	（Inspiration）	（Verification）

Point

若想得到好的靈感，在收集資訊和絞盡腦汁後刻意保留「醞釀」的時間很有效。

不遵守這5條守則，
就很難想出新點子

　　人腦的運作可分為認知、記憶、擴散、聚斂與評估。其中，**構思點子時會運用到「擴散性思考」（divergent thinking）**，評估並判斷點子的好壞時會用到「聚斂性思考」（Convergent Thinking）。

　　「擴散」與「聚斂」是兩種相反的思考方式，但我們在構思時往往會同時使用這兩者。

　　當你腦海中浮現點子時，是不是會立刻加以判斷，認為「這個不有趣」或「應該早就有過相同的構想了」呢？此外，和眾人一起開會時，你會不會因為怕被笑而不敢說出自己的點子呢？這就是「聚斂性思考」，一旦用了這種思考方式，用來出點子的「擴散性思考」就會中斷，構思範圍便無法擴大。

　　構思時，你應該專心一志，不斷地擠出想法。等到點子累積到足夠數量之後，才予以判斷或整理。若做到這一點，能想到的點子數量會很驚人。

　　為了想出好點子，有幾條守則是這樣的。高橋誠先生同

時是「創造開發研究所」和日本創造學會的會長，他在其著作中舉出**「擴散性思考」的5條守則**，如下所示。無論你獨自構思，抑或是組成團隊一起發想，都要遵守這5大守則。

擴散性思考的**5大守則**

❶延後判斷（嚴禁批評）	不在出點子的當下判斷它的好壞，而是事後再下評判。在眾人開會構思時，不可以批評別人的發言或構想。
❷自由奔放	歡迎突發奇想和天馬行空的構想，可以盡情發言。別被傳統觀念綁住，而是大膽提出點子。
❸大量發想	量比質重要，要盡量多擠出一些構想。從經驗上來看，要是點子不達到一定的數量，就找不到高品質的構想。
❹廣角發想	從多個不同的角度出發，大範圍構思。
❺結合發展	在舊有的想法上發揮新創意，或是結合自己的點子與別人的發言，藉此產生新的構想。

Point

若想要得到好點子，就不要先下判斷或予以批評，而是應該重視量大於質，接二連三地提出想法。

打破潛意識中的既定觀念，讓創意更豐富

很多時候，**既定觀念**會打斷我們出點子。每個人多少都有既定觀念，就是它在妨礙人們提出新創意。因此，打破既定觀念有助於構思新點子。

你知道嗎？南部煎餅的老字號品牌「小松製菓」有一款伴手禮很受歡迎，那就是岩手縣的「南部巧克力」。這款零食是把烤得很漂亮的南部煎餅敲碎，再用巧克力將碎片重新塑型而成。據說該公司本來有著「南部煎餅就該又圓又漂亮」的既定觀念，在開發初期出現不小的反對聲浪，但加以克服之後，大受歡迎的商品就誕生了。

既定觀念大致可分為3種：❶知性上的阻礙、❷感官上的阻礙和❸情感上的阻礙。為了產出豐富的構想，你必須對自己的既定觀念有所自覺，擺脫它們。

❶ 知性上的阻礙 ···

在書本和學校得到的知識很容易成為既定觀念。你是不是在不知不覺中，只用過去累積的知識來衡量事物呢？

歷史的解釋和科學都在進步，**一直以來都是常識的事情，到了今天有可能被推翻**。不具備知識的外行人，其直率的想法可能有助於新發現或新發明。

❷ 感官上的阻礙

我們的眼睛、耳朵、鼻子等感官會選擇性地感知事物。舉例來說，搭電車時沉迷於閱讀或玩遊戲，會讓我們沒聽到到站廣播而不小心坐過站。這並不是因為耳朵的聽力變差了，而是過於專注會讓我們聽不見其他聲音。

如上所示，眼睛和耳朵會選擇性注意。人類不一定能夠正確掌握所見所聞。

❸ 情感上的阻礙

人基本上都有著「在意別人的評價」、「不想和別人不一樣」和「害怕失敗」的心理。在心理學家所羅門·艾許（Solomon Eliot Asch）所做的實驗中，當團體裡的其他人全都做出明顯錯誤的回答時，有大約3分之1的受測者會和大家一樣選擇錯誤的答案。這種「從眾」的心理在日本人身上特別明顯。

> **Point**
>
> 意識到「自己或許受限於既定觀念」並打破它，就能想出新點子。

懂得如何擴大聯想範圍，
想點子會更輕鬆

　　「**聯想**」亦即針對某個主題接連浮現相關的事物，是個產出點子的有效方法。以「抒壓」這個主題為例，有人可能會聯想到「嗜好」，有些人則會進一步聯想到「釣魚」、「音樂」或「騎機車遠行」。

　　假設你想開發一款吸引年輕人的產品包裝，或許可以順著「年輕人」→「流行」→「時尚」→「破洞牛仔褲」的順序聯想，設計出「部分透明的包裝」。

　　進行聯想時，**不要判斷點子的好壞，總之先把想到的詞彙或概念連結起來**最重要。

　　古希臘哲學家亞里斯多德很重視聯想，將❶**相似律**、❷**接近律**、❸**對比律**訂為「聯想三定律」。

　　❶相似律是指聯想相似的東西，從雲朵聯想到棉花糖、看到吊車就聯想到長頸鹿即屬於此類。

　　❷接近律是指聯想時間或空間上相近的事物，例如從桌子聯想到椅子、由手套聯想到圍巾等。

❸對比律是指聯想相反的事物，例如從火聯想到水、從黑聯想到白等等。只要運用這3個法則，應該就能廣泛地聯想。

此外，英國教育學家博贊（Tony Buzan）構思的**「心智圖」**（Mind Map）也是個有助聯想的方法。光是用想的不方便整理，所以把聯想到的事物寫在紙上。

在紙張中央寫下主題，放射狀地列出聯想到的詞彙和點子。除了寫字之外還可以畫圖，甚至以多種不同的顏色將聯想到的事物「可視化」，藉此擴大聯想範圍並加以整理。

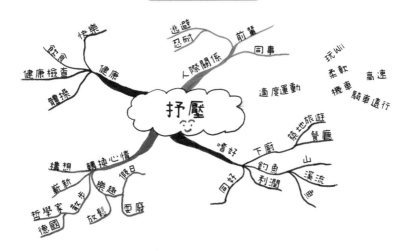

心智圖®的範例

Point

想要新點子時，多方聯想是基本原則。

善用腦力激盪法，
就能收集到很多點子

好幾個人一起動腦不僅能增加點子數量，內容也更不受限。

「腦力激盪法」是個經常被人們拿來運用的知名發想法，由美國廣告公司「BBDO」創辦人奧斯本（Alex Faickney Osborn）發明，普及到全世界。

進行方式很簡單，先確定主題，再由團隊領導人催促出席者積極提出點子。這時，記得要求出席者貫徹 法則045 的**「擴散性思考的5大守則」**。

大家提出來的點子要寫在白板上，盡可能互相提出更多想法。

如果人數太多會陷入混亂，所以要控制在5～8人。超過時則分為2組，分別進行腦力激盪。

◉ 腦力激盪法的缺點

腦力激盪法的優點是輕易就能進行，但它也有缺點。

首先，當出席者中有人職位或輩分較高時，其他人會不敢提出意見。

此外，即使已經先要大家貫徹「擴散性思考的5大法則」，但受到批評的可能性仍然不是零，或許有人會說「你那個點子已經用過了」或「你的想法太不切實際了」。要是出現這種評論，出席者就會退縮，導致構思過程中斷。

此外，把點子寫在白板上要花時間，負責記錄的人不參與也是個問題。

◉ 我推薦「卡片式腦力激盪法」

為了解決上述問題，有人想出了**使用卡片的腦力激盪法**。

確定主題之後，發卡片（或便利貼）給所有成員。接著是個人動腦時間，大家各自在卡片上寫下意見或想法。接著，每個人輪流唸出卡片上的內容並放在桌上，直到手上的卡片用完為止。這個方法有下列優點，請各位務必多多利用。

❶ **容易提出意見**　避免都是特定的人發言。

❷ **防止批評**　負面批評的影響會變小。

❸ **能夠專注**　能在個人動腦時間好好思考。

❹ **所有人都能參與**　不需要負責記錄的人。

❺ **能夠有效率地整理意見**　已經寫在卡片上，不需要再抄寫。

Point

善用出點子時不互相批評的「卡片式腦力激盪法」，就能大家一起發想創意。

使用檢核表，
迫使自己產出點子

　　我在第2章曾建議大家準備**必問清單**帶到**說明會**上（ 法則010 ），那份清單是種檢核表，用來檢查有無漏問的問題。

　　檢核表用來發想創意也很有效，亦即將有助於產出新點子的觀點列成清單。當你在聯想法（ 法則047 ）卡關時，不妨利用檢核表來擠出新構想。

　　有種知名的發想檢核表由發明腦力激盪法的奧斯本所構思，亦即右頁列出的**9大項目檢核表**。

　　你可以配合主題，從9個觀點來擴大構思範圍，包括❶能否移作他用、❷能否應用其他構想，以及❸若改變要素會如何等等。這份檢核表便是要你從各種角度來看待該主題，幫助你思考。

奧斯本的9大項目檢核表

檢核項目	內容	具體範例
❶移作他用	有沒有其他用法？	把餅乾盒當作置物盒
❷其他應用	能不能援用其他點子？	把加冰塊喝的威士忌換成日本酒
❸加以變更	改變意思、顏色、樣式或形狀	把圓形的電子鍋設計成方形
❹放大	放大高度、長度、容量或時間	加大容量的營養補給飲料「三得利Dekavita C」
❺縮小	縮小、剪短、減輕重量或省略	手持式迷你電風扇
❻取代	用其他東西取代	蟹肉棒
❼重新排列	改變陳列或順序	不靠牆的中島式廚房
❽顛倒	上下、左右或性質顛倒	便利貼使用容易撕下的黏膠，取代牢固的黏著劑
❾結合	和其他事物結合	多功能手機

Point

透過「奧斯本的9大項目檢核表」擴大創意的範圍，賦予變化。

運用多樣化的檢核表，就能想到最適當的點子

除了 法則049 的「**奧斯本9大項目檢核表**」之外，還有其他檢核表。舉例來說，當你正在尋找事業或專案企劃的可改善之處時，不妨將下列的「**經營資源7要素**」當作檢核項目。

❶人（人才）
❷物（設備、產品、材料等）
❸錢（資金）
❹時間
❺地點（不動產、店鋪、選址、通路等）
❻資訊（工作密技、資料、智慧財產、資訊收集能力等）
❼品牌

6W3H對行銷企劃案有所助益。若要改善生產線，則可以應用ECRS法。

建議你選擇適合自身職業和工作內容的檢核表，用它來產出點子。此外，不妨從多份檢核表中擷取部分項目，製作自己專用的檢核表。

6W3H

❶ When	時間	上市的時間點和期間
❷ Where	地點	販售地點和通路
❸ Who	由誰負責	自家公司的體制
❹ Whom	針對誰	目標客群
❺ What	賣什麼	產品或服務特色
❻ Why	為什麼	消費者需求
❼ How	如何做	宣傳內容和方法
❽ How many	多少	目標銷售額
❾ How much	多少錢	定價策略

ECRS法

❶ Eliminate	排除	針對目的重新進行討論，檢視「這項業務或工程是否必要」、「是不是多此一舉」。
❷ Combine	組合	研究「能否同時進行多項作業」、「能否集中在同一處」。
❸ Rearrange	交換	重新檢視生產線或改變順序，藉此提高效率。
❹ Simplify	簡化	研究「作業能不能簡化」。

Point

　「經營資源7要素」、「6W3H」和「ECRS法」可用來當作創意發想的檢核表。

從10個切入點
找到新產品的靈感

　　構思新產品或新服務時有很多個切入點，把它們做成創意發想的檢核表來使用，將能派上很大的用處。只要符合下列❶～❿的其中一項，那就是該商品或服務的**強項**。

❶ 前所未有的商品或服務 ·······························

　　個人電腦和智慧型手機便是最簡單明瞭的例子。在開發新產品時，若能考慮到「是否能提供過去沒有的便利性、舒適性與娛樂性」，便是最強大的切入點。若是真正優秀的事物，肯定會一炮而紅。

❷ 我國沒有的商品或服務 ·······························

　　販售國外有但國內沒有的東西，也是個很好的想法。

　　據說全世界共有100多種「杯麵」（日清食品），口味各自配合各國人民的喜好，但很多在國內買不到。要是能引進國內，應該會出現暢銷商品。

❸ 改良現有商品或服務的缺點 ·····················

　　三明治原本是一種無法久放，攜帶時也很難保持原始形狀的食物。富士麵包公司（Fuji Baking Co., Ltd.）推出的「點心三明治」系列便是改良既有缺點的熱賣商品，不但能久放，也不會掉餡。

❹ 強化現有商品或服務的優點 ·····················

　　花王Attack洗衣精標榜「較少用量，去汙力更強」，強化會讓消費者開心的功能，廣受喜愛。

❺ 結合多種資源和服務 ·····························

　　「俺股份有限公司」的「俺法國料理餐廳」就屬於此類，將「米其林星級廚師」與「低價格（高級餐廳的3分之1）」兩者組合在一起，大受歡迎。

❻ 改變設計 ·····································

　　圓形電子鍋本來是家常便飯，但三菱電機的蒸氣回收IH電子鍋卻將設計改為方形，引發話題。不僅很有設計感，能放的地方也更不受限。到了現在，許多電子鍋都變成方形了。

❼ 提出新的使用方式或生活模式 ·············

威士忌是一種歷史悠久的酒類，但日本三得利公司推出「從Highball喝威士忌」的活動，為年輕人奠定了新的喝法。

❽ 改變目標客群 ·············

山葉音樂教室起初專收兒童，但後來開始思考「如何提高夜間使用率」，進而開始為大人開課。

❾ 復刻從前的流行事物 ·············

披頭四的復刻版就屬於此類。看出舊有歌迷的需求，同時吸引新客層。

❿ 改變販售方法 ·············

改變或擴大販售方式也很有效，例如原本只在實體店面販售的商品開放郵購等等。

Point

將10個切入點做成檢核表，用來幫助自己發想新商品或新服務。

新商品或新服務的10個切入點

檢核表	具體範例
❶ 前所未有的商品或服務	個人電腦、智慧型手機
❷ 我國沒有的商品或服務	在國內販賣世界各國的杯麵
❸ 改良現有商品或服務的缺點	富士麵包公司的「點心三明治」系列產品
❹ 強化現有商品或服務的優點	花王Attack洗衣精
❺ 結合多種資源和服務	「俺股份有限公司」的連鎖餐廳
❻ 改變設計	三菱電機的方形蒸氣回收IH電子鍋
❼ 提出新的使用方式或生活模式	三得利的Highball喝法
❽ 改變目標客群	山葉成人音樂教室
❾ 復刻從前的流行事物	披頭四復刻版
❿ 改變販售方法	原本只在實體店鋪販賣的產品開放郵購

找出缺點和心願，
就能創造新點子

　　有個方法是，找出現有商品或服務的**缺點**，抑或是「要是有這種東西多好」的**心願**，藉此發想具體的點子。兩者都能用來開發新商品和新服務，改善販賣、製造方式和管理製程。從缺點下手的方法稱為**「缺點列舉法」**，從心願中萌生點子的方法稱為**「心願列舉法」**。

> ❶舉出缺點和心願
> ❷提出能改善缺點或實現心願的方案

　　由於兩者都會進行2次**腦力激盪法**，因此又稱為**「雙會議法」**。

　　進行方式是一樣的，先確定主題，然後進行第1次腦力激盪，找出缺點和心願。接著，將列舉出來的缺點和心願依照重要性排序，再次腦力激盪，想出改善和實現方法。這個方法很簡單，一個人也能進行，請大家務必嘗試。

　　舉例來說，若主題是「野外露營」，透過腦力激盪來

列舉缺點的話，就會出現「搭帳篷很辛苦，要搬運廚具很麻煩」、「會被蚊蟲叮咬」、「上廁所很不方便」等意見。於是，豪華露營（Glamping）就是為了解決這些問題而生的點子，不必搭帳篷和準備廚具，也能輕鬆且舒適地享受露營樂趣。

缺點是創意的寶庫。原子筆的缺點是「只能用修正液和修正帶塗改」，為了加以改善，寫了也能擦掉的百樂Friction魔擦筆便誕生了。

此外，小朋友吃巧克力往往會沾得滿手或滿臉，為了彌補這種缺點，在巧克力外層裹上糖衣的M&M's巧克力便誕生了。

有很多產品都是為了滿足心願而開發出來的，例如百圓商店販售的許多便利產品，都是為了「真希望有這種方便的東西」、「想要這種附加功能」而生。

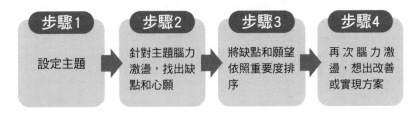

缺點列舉法和心願列舉法的流程

步驟1	步驟2	步驟3	步驟4
設定主題	針對主題腦力激盪，找出缺點和心願	將缺點和願望依照重要度排序	再次腦力激盪，想出改善或實現方案

Point

既有商品的缺點，以及「想要這種東西」的願望是新點子的泉源。

點子發想術

- ☐ 找人商量、外出、接觸刺激
- ☐ 從網路、雜誌和電視得到靈感
- ☐ 觀察大自然或動植物
- ☐ 擴大聯想
- ☐ 腦力激盪法、卡片式腦力激盪法
- ☐ 奧斯本的**9**大項目檢核表
- ☐ 經營資源**7**要素
- ☐ **6W3H**
- ☐ **ECRS**法
- ☐ 新商品和新服務的**10**個切入點
- ☐ 缺點列舉法、心願列舉法
- ☐ 在收集資訊並絞盡腦汁後，醞釀一段時間
- ☐ 遵守發想點子的**5**個守則
- ☐ 打破既定觀念

第 **6** 章

抓住基本架構，
就寫得出企劃書

湊齊所需資料、有了構想之後，就要開始寫企劃書。企劃書有基本架構，只要逐一填入內容就完成了。本章就來談談企劃書的基本架構。

橫式企劃書要加上封面，直式則要設定頁眉（header）

想出點子和解決方案之後，差不多該實際開始寫企劃書了。如 法則024 所示，企劃書的基本結構如下：

❶ 封面（或頁眉）

❷ 背景（參見 法則054 ）

❸ 目的（參見 法則055 ）

❹ 戰略（參見 法則056 、 法則057 ）

❺ 實施計劃（戰術）（參見 法則058 ）

❻ 日程（參見 法則059 ）

❼ 費用（參見 法則059 ）

首先，我們來看看記載收件人和大標題的 ❶ 封面（或頁眉）如何寫。

◉ 要加上封面還是頁眉？

收件人和大標題的寫法，依企劃書的種類而定。

以PowerPoint製作**橫式**企劃書時，即使整份企劃書頁數很少，仍然要加上獨立的**封面**，並且在封面上記載**收件人、大標題、日期和提案人姓名**。

若是用Word製作的直式企劃書，一般來說不另加封面，而是在第一頁最上方設定頁眉。記載內容和橫式企劃書一樣，只是配置不同。

無論要製作成橫式還是直式，如果公司內部有規定或慣用的寫法就照做。

橫式企劃書的封面與直式企劃書的頁眉

橫式企劃書的封面

> 永豐化學股份有限公司鈞鑒
>
> 「綠色洗淨」
> 新上市促銷企劃案
>
> 20XX 年 X 月 X 日
> 大型廣告股份有限公司

直式企劃書的頁眉

> 20XX 年 X 月 X 日
> 能率工業股份有限公司鈞鑒
> ABC 廣告股份有限公司
>
> 商品簡介影片製作企劃案
>
> 1. 課題整理
> xxxxxxxxxxxxxxxxxxxxxxxxxxxxxxxxxxxxxxxxxxxxxx

◉ 收件人的寫法

當企劃書的收件人是公司同仁時，大多會寫「人名＋職位名稱」，例如「山下業務部長」。寫成「職位名稱＋人名＋敬稱」也可以，例如「業務部長山下先生」。

若是提供給公司外部的企劃書，即使是對象是特定部門或個人，原則上依然要寫公司名稱，再加上「鈞鑒」。[3]

◉ 大標題的寫法

橫式企劃書的大標題要寫在中間顯眼的位置。

若是直式企劃書，則在提案人姓名下方空一行處寫上大標題，使用比內文稍大的字級並置中。

◉ 日期的寫法

日期要使用西元或年號都無妨，但寫給民間企業的企劃書多半用西元，寫給政府機關的則是用年號。[4]

◉ 提案人姓名的寫法

若企劃書是寫給公司內部，提案人名稱要寫「部門名稱＋提案者姓名」，如：「業務2課　山田太郎」。

3　譯註：原書另有提到日文中的「殿」這個稱呼，一般被認為是上級對下級的用語，所以向上級提交企劃書時不能使用。因與中文情況不同，僅以譯註方式提供參考。

4　譯註：原書另有說明在日文情境中提到年號時，「令和 4 年」會被簡稱為「R4 年」。因與中文情況不同，僅以譯註方式提供參考。

假如企劃書是寫給公司外部，一般來說不寫個人姓名，
而是只寫公司名稱，如：「ABC貿易股份有限公司」。

封面或頁眉的部分

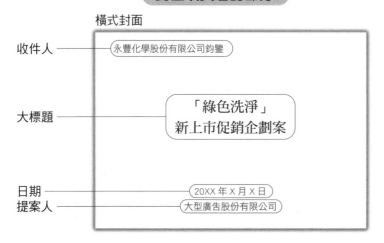

横式封面

收件人 ——— 永豐化學股份有限公司鈞鑒

大標題 ——— 「綠色洗淨」
新上市促銷企劃案

日期 ——— 20XX 年 X 月 X 日
提案人 ——— 大型廣告股份有限公司

直式企劃書的頁眉

日期 ——— 20XX 年 X 月 X 日

收件人 ——— 山下業務部長
提案人姓名 ——— 業務 2 課　山田太郎

大標題 ——— 20×× 年度上半期業務計畫

1. 本年度的計畫
××

Point

企劃書的第一頁要設成封面或加入頁眉，記載收件人、大標題、日期
和提案人姓名。

在戰略型企劃書寫上「現狀分析」，在戰術型企劃書寫上「條件確認」當作「背景」

在收件人和大標題之後，一般會接著寫這份企劃案的**「背景」**。

若是年度行銷企劃這類**戰略型企劃書**，背景的部分會記載**「現況分析」**。「現況分析」有時也可寫成「當下的問題」或「問題與機會」，在此分析市場環境、消費者動向、競爭對手與通路等資訊，並列出問題所在與機會，以便連結到下一段的**「目的」**（參見 法則055 ）。

「現況分析」的部分要做個1～2行的簡潔摘要，但某些主題即使將調查資料列為附件，篇幅還是會超過20張。

舉辦活動或短期宣傳之類的**戰術型企劃書**大多不寫現況分析，抑或是只簡單寫一下。取而代之的是，這個部分會寫**「條件確認」**，表示「對於眼前的課題，我是這樣理解並據此進行企劃」，亦即整理在說明會上聽到的問題與資訊，並且只記載要點。有時候，小標題也可以寫「前提」、「前提確認」或「說明會內容確認」。

以自主企劃書而言，這個部分會寫**企劃主旨**，亦即「為何提出這份企劃案」，有時候小標題可以寫「提案原因」或「關於這份提案」。若企劃主旨牽涉到現實中的問題，就加寫現況分析。

有些企劃書不會寫「現況分析」、「條件確認」和「企劃主旨」。當提案人已經和委託人談過，主題很明確，或者只是要訂立簡易的實施企劃時，就會跳過「背景」的部分，一開頭就從「目的」寫起。尤其是實施調查的企劃案，一般都會從「調查目的」開始寫。

背景的記載內容

戰略型企劃書	戰術型企劃書	自主提案企劃書
・背景	・條件確認	・企劃主旨
・現況分析	・前提	・提案原因
・現況中的問題	・說明會內容確認	・關於這份提案
・問題與機會		

Point

視企劃書是戰略型、戰術型或自主提案型而定，「背景」部分要記載的內容也不一樣。

列出目標數字，
讓「目的」更具體

在**「目的」**這部分，要寫「執行這份企劃是要達成什麼結果」。

一般來說，企劃書有時雖然會省略**背景**（ 法則054 ），但一定會寫目的。即使企劃案的委託人已經明示過目的，但為了再次確認，仍然要寫下委託人提過的內容。

撰寫「目的」時，經常用到的語句如下。

獲得	例如	獲得新客戶
改進	例如	改進應對顧客的技巧
強化	例如	強化門市的銷售能力
促進	例如	促進消費者上門
提升	例如	提升認知度與理解度

有些人會把目的寫成「主要客群設定為中高齡夫妻，吸引顧客光顧」，但要是這樣寫，就會和戰略（ 法則056 ）中應該記載的**客群設定**（ 法則057 ）重複，因此目的只要簡單寫「吸引顧客」即可。

目的不一定只有一個。若這份企劃案要達成的目的有很多個，寫好幾個也無妨。

不過，**最好控制在3個以內**。要是一份企劃書有好幾個目的，下個部分要記載的戰略或戰術就會變得很複雜而不好理解。假如目的超過3個，就要分成多個企劃來提案。

「目標」和「目的」很相似，但不一樣。目的是最後應該達成的結果，而目標則是抵達結果的過程中應該達成的指標。

企劃書力求**具體，若能設定目標數字的話，就在目的這部分也記載目標數字**。這時，要把目標和目的分開寫，如下所示：

目的：增加當地的外國觀光客人次
目標：目標為比去年增加30％

目標原則上要以數量、金額或百分比來呈現，例如「單月銷量目標為120台」、「年度銷售目標為8000萬日圓」或「比去年多獲得30％的顧客」。

Point

寫下最終想達成的結果做為「目的」，並設定具體的數字目標當作指標。

6個項目寫得明確，相當於企劃案設計圖的「戰略」就完成了

在**戰略**這部分，將要揭露達成目的（ 法則055 ）的大方向。你可以把戰略當作是企劃案的設計圖。

在戰略中，最先要考慮的是**❶目標客群**是誰。為了達成目的，你必須搞清楚「要打動的對象」。

舉例來說，兒童節玩具雖然是給小朋友用的，但掏錢購買的人其實是父母或祖父母。牙膏全家都會用到，但主要購買者大都是家庭主婦。

如上所示，有時候商品的使用者和購買人不同，所以設定目標客群時必須細心注意。

接著要思考的是**❷基本概念**。概念就是把貫徹整個企劃的想法簡潔地表現出來。

舉例來說，假設你要推出一款兼顧營養均衡的餅乾，就必須決定它的定位是賣給年輕上班族的營養補充品，抑或是作為小朋友的零食。

概念要盡可能用簡短的文字表達，例如「為忙碌年輕人設計的健康點心」。

在概念的部分，還要連**概念的由來**也一起簡潔地填寫。

有了明確的概念之後，接著要決定❸**地區**（在哪個地區的何處展開新上市促銷活動）。

此外，還要決定❹**期間**，亦即何時開始和實施多久。

再來，要根據前述的概念構思❺**主要執行方式**，亦即「要透過什麼方法讓大家知道新產品上市」。

方法可以想到好幾個。數學題目的答案通常只有一個，但在行銷的領域，答案通常不只一個。

「忙碌的年輕人」都是什麼樣子？你可以製作**「人物誌」**（ 法則057 ），藉此讓人物形象浮現，思考他們平常如何行動，又如何獲取資訊。若以上述「為忙碌年輕人設計的健康點心」為例，就會想到透過社群網站、網路廣告、大眾運輸工具上的車廂廣告來宣傳，藉此決定執行方式的主軸。

最後則是要算出❻**整體預算**。

在戰略部分所決定的❶～❻是概括性的。在**實施計劃**（**戰術，** 法則058 ）以後的段落，便是要針對這6個項目逐一詳細描述。

Point

　　思考「目標客群」、「基本概念」、「地區」、「期間」、「主要執行方式」與「整體預算」，製作能達成「目的」的「戰略」。

若能描繪出「人物誌」，目標客群會更明確

　　「戰略」（ 法則056 ）中的**目標客群**，多半是根據年齡、性別、婚姻狀態、職業、收入與居住地等**「人口統計變項」**（demographics）來設定，但光憑這些資訊並不足夠。

　　舉例來說，在探索「大都市30多歲單身粉領族」的觀光偏好時，有些人喜歡山或海等自然景觀，但也有人偏好在大城市購物或吃美食。生活模式和平時的行為不同，選擇的觀光地點也不同。

　　在行銷這方面，為了釐清客群的樣貌，越來越常運用**「人物誌」**（Persona）這個手法。「Persona」在希臘悲劇中原本是「面具」的意思。對於目標客群，你不僅要從人口統計變項這方面來看，還要收集並分析人物特徵、生長過程、家庭成員、嗜好、價值觀、生活模式、消費行為、假日的過法、平常接觸的媒體等屬質資訊（Qualitative information），將他們**設定成彷彿真實存在的人物**。此外，還可以利用照片或插圖，以視覺上一目了然的形式來呈現。

　　製作人物誌能讓目標客群的樣貌更鮮明，建立更精準的企劃。

人物誌的範例

個人檔案	
姓名	亨利‧D‧米勒
性別和年齡	男性，34歲
居住地和出生地	居住地和出生地都是美國費城。義大利裔美國人
職業和職位	任職於建築公司，擔任設計部門的主任
學歷	天普大學研究所建築科畢業
家族成員	太太艾瑪33歲，出生於夏威夷，畢業於天普大學經營學系。兩人在大學校園相遇，進而結婚。太太目前任職於大型食品公司的行銷部門，兩人沒有孩子。
嗜好和生活模式	1年前靠貸款在郊外買了獨棟中古屋。雖然從自家開車到公司要花1小時，但房子四周的自然環境很好，讓他很滿意。他的嗜好是溪釣和木工，利用閒暇時間自行改裝已購買的中古屋。太太也對裝潢有興趣，會協助他改裝房子。兩人平日會盡量一起吃晚餐。儘管太太經常出差，兩人不太有時間相處，但假日會一起去旅行。差不多要考慮生孩子了。
年薪和平時的消費行為	夫妻倆的年薪共1500萬日圓，彼此都對名牌沒有興趣，平時會為了存旅費而盡量省錢。
資訊來源、朋友和社群	不太看電視。資訊主要來自網路，透過個人電腦、手機和iPad上網。由於出生地、大學和居住地都在費城，因此老朋友很多，大家經常在家裡開派對。他和住在附近的釣魚同好很親近，善於社交，網路上的朋友很多。
觀光意識與行為	
前往日本的經驗	他第一次到日本，但太太包括出差在內是第4次
旅行型態	海外個別旅遊（FIT）。與太太同行
停留在日本的天數	15天（4天在東京，4天在京都，7天在西日本）
對日本的旅遊需求與關注點	我對日式木造建築很感興趣，想去寺廟很多的東京谷中，也想欣賞一般建築。當然也想去皇居和淺草，還有東京澀谷的行人保護時相十字路口。為了接觸日本傳統文化與建築，我一定要去古都京都。此外，還想去以藝術聞名的瀨戶內直島，以此為中心自由遊覽西日本。在日本有朋友的太太會幫忙安排一切。太太對日本的傳統室內裝飾品感興趣，若說到食物，則是想吃道地的天婦羅和壽司，還想去居酒屋。
旅費和消費行為	包括機票費用在內，共準備了約100萬日圓。由於已經事先安排好想看、想體驗和想吃的東西，所以不會衝動購物。若有臨時起意想買的東西，會再三考慮。
旅行資訊的獲取與安排	參考雜誌和朋友的意見，夫妻倆一起討論幾個地點，然後再上網收集詳細資訊。行程也是上網安排。

Point

　　要設定「戰略」中的「目標客群」時，不妨運用「人物誌」來描繪出彷彿真實存在的人物。

讓「戰略」更具體可行，「實施計劃」就完成了

實施計劃又稱**「戰術」**，這段落要針對你在**戰略**（ 法則056 ）所制定的問題解決方法，記載**具體的執行方案**。

別把戰略和戰術混為一談。戰略是基本概念和整體設計圖，相當於骨架。舉例來說，蓋房子時會畫設計圖，這就是戰略。另一方面，戰術則是個別的實施方案，例如「請工匠、水泥師傅和水電師傅分別在何時之前做什麼事情」。

有效分配現有資源，建立最有效的策略就是「戰略」，而根據戰略個別實施的內容則是「戰術」。

或許是因為「戰術」一詞太浮誇，一般來說很少用在企劃書上，而是寫「實施計劃」、「實施方案」、「實施對策」或「實施內容」。

實施計劃必須具體寫出細節，包括**執行內容、時間、對象、地點、方法、期間與費用**。

舉例來說，若是混合廣告、宣傳和推銷的新產品促銷企劃，在廣告的部分，要具體記載實施時期、對象、地區、使用媒體、廣告期間、廣告量與費用。

　　在宣傳這方面，則要寫清楚新產品發表會的時間、地點、發表方式、要邀請的媒體和通路等等。此外，還要詳細填寫新聞稿內容、發布時間和媒體曝光等強化活動。

　　至於推銷這部分，則要記載需準備的用具、門市的展示販賣與抽樣（Sampling）的實施地點、時間與執行團隊。

　　製作實施計劃時，**心中要牢記戰略**。

　　以執行方式很多的年度企劃為例，實施計劃中有時會出現無法對應到戰略，甚至是和戰略矛盾的項目，這是個問題。你要確定戰略和實施計劃的整合性。

　　實施計劃不只要具體，還要**可行**。不管你的點子有多棒，無法實現就只是畫大餅。舉例來說，即使你邀請到一流音樂家來表演，要是表演會場早就被預約一空，音樂會就無法實現。此外，若**預算**已定，你就必須設法在預算內訂定最有效的計畫。

Point

　　撰寫「實施計劃（戰術）」時要與「戰略」整合，製作具體且可行的內容。

註明日程表與費用，讓委託人有判斷依據

當你想要訂購什麼東西時，應該會很在意「何時會好」和「要花多少錢」吧？同樣地，**日程表**和**費用**也是影響企劃案會不會通過的主要因素，所以要寫得一目了然。

日程表和費用雖然是**實施計劃**（ 法則058 ）的一部分，但為了力求易懂，一般會各自獨立記載，抑或是另開一頁。

◉ 日程表的安排與寫法

無論企劃案內容多麼出色，要是時間上無法配合，企劃案的可信度就會遭到懷疑。

舉個例子，假如要拍攝當地觀光景點的影片，但拍攝時間卻寫「只要1天」，別人恐怕會質疑：「1天拍得完嗎？」「難道不用事前勘景嗎？」「萬一下雨該怎麼辦？」因此，你要仔細思考流程，排出有餘裕的日程表。

有時候，日程表還要考慮到客戶是否方便。舉例來說，若一個案件需要董事會允許，你就必須事先詢問召開董事會的時間，配合它來安排作業日程。

　　以1～2張的直式企劃書為例，寫法是建立「日程」的項目，寫下何時要做些什麼。若超過3～4行，就要製作成表格以便瀏覽。假如日程表很長，一般來說會用另一張紙製作成附件。

　　若是張數很多的橫式企劃書，就要在第一頁單獨列出日程表，並且將排版設計在1頁以內，以求一目了然。

◉ 費用的寫法

　　若是簡易的企劃書，費用和日程表一樣列舉在內文中即可，但若費用明細很冗長，就要另開一頁製作成表格，抑或是做成估價單另外附上。若是有份量的橫式企劃書，就特地留一頁列出費用。

　　有些部分在企劃階段還不確定，可能很難估出正確的費用，或是要冒著一些風險。儘管如此，為了讓委託人評估這份企劃案，仍然需要記載費用。如果金額還不確定，就寫「粗估費用」，同時加註「到了哪個階段才能確定金額」。

Point

　　在「實施計劃」之後，要寫上夠寬鬆的「日程表」和已知的「費用」。

寫單張企劃書，
就能不花太多勞力多多提案

　　在這個講求快速的商業社會，太厚重的企劃書會惹人討厭。「地區活化戰略」或「年度銷售計畫」等大型戰略企劃書篇幅多了點也是沒辦法的事，但人們通常**喜歡張數較少的簡潔企劃書**。

　　企劃書的基本要素是**背景、目的、戰略和實施計劃**等4個，視主題而定，可以只寫目的和實施計劃，所以只要有4～5張的篇幅就夠寫企劃書。此外，在你**熟練之後**，便能控制在**1張A4用紙以內**。

　　單張企劃書的空間很有限，無法把想說的事全寫上去，但不能因此以為「這樣就不太需要收集資料，不需要深思熟慮」。**你仍然要準備應該記載的資訊，仔細考證內容並加以刪減，抓住要點來撰寫。**

　　當你還不熟練時，很難一開始就寫出單張企劃書，所以要**先整理成3頁**，接著再從中揀選出非寫不可的部分，濃縮成1頁。如此反覆練習，便能學會一次寫出單張企劃書。

以單張企劃書的空間分配來說，若要寫得完整，**背景占3～4行，目的占1行，剩下的空間則用來寫戰略和實施計劃。**

即使主管和客戶很忙，若是單張企劃書，應該會當場閱讀吧！此外，當你想在公司會議上提案時，要是企劃書張數太多，很可能會被留到有時間的時候再討論，因而遭到忽視，但單張企劃書1～2分鐘就看得完，當場拿出來討論的機率更大。

單張企劃書的優點是「對方不需要花太多時間理解」。站在作者的角度來看，也能在相對較短的時間內完成，不需要花那麼多心力。

用單張企劃書來**確認對方的需求**也很有效。

當你提出自主企劃書給主管或客戶，即使花了好幾天製作厚重的企劃書，提案內容有可能根本不符合對方的需求，枉費你付出的努力。為了避免白費力氣，**你要先以單張企劃書提出概要，對方有興趣的話，再製作詳細的企劃書。**這樣做可以把所花的時間和精力壓到最低限度，能夠輕鬆提案。

為了抓住商機，請你積極嘗試提出單張企劃書。

Point

將必備要素濃縮在最小篇幅的「單張企劃書」很好用，能提高對方願意一讀的機率。

促銷實施企劃這樣寫，更容易通過

有一家補習班名叫「學優班」，該公司行銷專員寫給主管的內部企劃書如右所示。

企劃書的基本內容是**背景、目的、戰略和實施計劃**等4項，這份企劃書便是在一頁的篇幅中記載所有內容。

首先，「1」指出現況的問題，此部分相當於企劃書中的「背景」。

接著，「2」描述了「目的」，連結到「3」的「戰略」（在這個範例中寫成「基本戰略」）。「4」也是戰略的一部分，但在這裡則是獨立成一個項目，使它更醒目。

戰略的下一段是「實施計劃」，為求方便瀏覽，在這個範例中分為「5」和「6」。

「7」的**日程表**和「8」的**費用**屬於實施計劃中的一部分，但這兩項通常會列為獨立項目。

如同你所看到的，即使只有1張A4紙，仍然能製作出十分管用的企劃書。既然濃縮到這麼精簡，連忙碌的主管也會馬上瀏覽，並做出評斷。

20××年2月20日

此致山內行銷主管

行銷部　市村肇

夏季課程宣傳活動實施企劃

1　**現況的問題**
（1）對手補習班展開激烈攻勢，我方需要做出市場區隔
（2）在我們打廣告的地區，受眾相當有限，無法再增加學生人數

2　**目的**
增加夏季課程的學生人數。目標為比去年增加20％

3　**基本戰略**
（1）提高廣告的觸及率
（2）確實說明「今年夏天，學優班能讓你成績進步有感」的原因

4　**廣告主題**
「今年夏天，學優班能讓你成績進步有感！」
強調「學優班特有的精實課程讓你立刻複習，確實提升考試學力」。

5　**實施概要**
（1）以報紙廣告為主要媒體
　　　為了使廣告效益觸及到過去靠DM和夾頁傳單無法涵蓋的客層，在報紙（東京總公司版）這種大眾媒體上刊登廣告。
（2）以車站廣告為輔助媒體
　　　於學優班所在地的車站張貼海報，提高家長對學優班的認識與了解。
（3）繼續使用網路廣告與夾頁傳單
　　　向鎖定的目標客群簡單說明宣傳主題，博取他們的共鳴與理解。

6　**廣告文宣**
基本概念
透過實例來證明「成績進步有感」
設計圖
附件為報紙廣告和海報
夾頁傳單另外提出

7　**日程表概要**
3月　確定企劃內容
4月　安排媒體宣傳、準備設計與印刷
5月中旬～6月底　開始宣傳

8　**費用**
總計3500萬日圓，估價單詳見附件

Point

只用1張A4，也能製作出涵蓋所有基本內容的企劃書，藉此提案。

改善公司制度的提案這樣寫，更容易通過

　　右頁是人事專員寫給部門主管的內部企劃書。大標題不是「企劃案」，而是更具體的「改善方案」。此外，由於還在粗糙的嘗試階段，因此加上括弧，標註「草案」。

　　這份企劃書沒有**戰略**的段落，寫了**目的**之後，緊接著就是「改善方案」，亦即**實施計劃**。我要再重複一次，視主題而定，有時不寫戰略也可以。這份企劃書的重點是實施計劃，只要明確寫出「要實施什麼方案以達到目的」即可，不需要寫戰略。

　　此外，關於企劃書中經常寫到的**費用**，由於這份企劃案是要改善公司制度，不必花錢，所以沒有記載。但是，假如改善制度所伴隨而來的是有必要更新系統，抑或是要承租外面的會場來舉辦研習會，就要記載費用。

　　實際上，在改善制度這方面，有必要花時間製作詳細方案。舉例來說，在「3」改善方案的「(1)明定考核標準」中，光是要決定責任層級，就有很多事情尚待討論。不過，以草案來說，若要點出問題所在，並取得主管對大方向的認可，這樣的單張企劃書就夠了。

20××年3月15日

田島人事部長

人事1課 野村一郎

人事考核制度改善方案（草案）

1 現況的問題

（1）考核標準不明確
過去一向以工作態度、能力和業績等3項標準來進行人事考核，但考核標準並不明確，而是以考核者的主觀感受去判斷

（2）沒有回饋制度
實施人事考核之後，不會以明確的形式請考核者給回饋

（3）由考核者單方面評斷
並未實施員工自我評量和目標管理，只有主管單方面替部下打分數

2 改善人事考核制度的目的

提高員工的動力，讓公司更能讓人感受到工作價值

3 改善方案（草案）

（1）明定考核標準
根據工作品質、內容和職位來訂定責任層級，明定需具備的職責和所需能力，並告知受考核者

（2）讓考核者受訓
團隊領導人以上的管理階層應該接受訓練，學習考核和回饋方法

（3）引進自我評量制度
人事考核不只是由考核者來進行，受考核者也要自我評分
以面談方式充分討論當事人的自我評分與上司的評分，藉此決定考績

（4）實施自我評量與目標管理制度
讓受考核者自主報告其訴求、目標、自我啟發或職涯規劃，透過與考核者的面談，設定未來1年的目標，而目標的完成度要反映在下一次的考績上

（5）今後的考核標準
a.工作態度
b.業績貢獻度
c.職務責任達成度
d.自我目標達成度

4 人事考核新制度實施日程表

20××年4月～9月 製作改善方案
20××年10月 提出改善方案，研討並修正
20××年1月 發表並實施改善方案
20××年2月 實施考核者訓練

Point

在某些情況下，企劃書上不寫「戰略」和「費用」依然成立。

宣傳企劃案這樣寫，更容易通過

　　右頁是一份寫給公司外部的企劃書，是廣告公司提供給家電製造商的新產品上市**宣傳企劃案**。

　　這份宣傳企劃案的重點是**實施計劃（戰術）**，因此省略了競爭對手與消費者分析等**背景**資訊。**目的**與**戰略**則是濃縮得很精簡。

　　「3具體的活動」相當於實施計劃（戰術）。在新產品上市的宣傳活動中，最重要的是針對媒體和通路的新產品發表會。

　　若是主力商品，經常會像這份企劃書所寫的一樣，租借大飯店當作會場，以大陣仗對外發表，所以便將這個部分列為獨立項目，並詳細說明。

　　至於**費用**則是只記載總金額，細節另外寫在附件。**日程表**也一樣，只記載了新產品發表會的時間，細節列在另一張紙。雖然全部共有3張，但光靠這1張就能掌握概要。

　　如上所示，只要把判斷企劃內容是否可行的所需資訊整理成1張，其餘的做為附件就好。靠這個方法，要說明或下判斷都不會花太多時間。

20xx年×月×日

尖端電機股份有限公司鈞鑒

優良廣告股份有限公司

新時代電子鍋×的上市宣傳企劃案

1　目的

增進消費者對新產品×的認識和了解。

2　宣傳戰略

（1）透過報紙、雜誌、廣播、電視等媒體，增進消費者對新產品的認識、了解與好感度

（2）提高意見領袖（料理研究家、專業主廚等）對新產品的認識、了解與好感度

3　具體的活動

（1）舉辦新產品發表會

細節後述

（2）經常提供新聞素材給媒體

①製作媒體清單，定期發布新聞稿

②舉辦試吃會等活動，招待媒體參加

（3）為意見領袖提供試用新產品×的機會

①免費出借給料理研究家或烹飪教室

②舉辦小規模的「好好吃飯會」（利用敝公司的展示會場）

4　**新產品發表會概要**

（1）日期　20××年×月×日

（2）地點　○○飯店○○廳　11：00～12：30

（3）受邀人　各大媒體、料理研究家、烹飪教室負責人、廚師共500人

（4）發表會內容

①社長致詞

②開發部長致詞與新產品簡報

③招待會

（5）準備

①受邀者清單

②新聞資料袋（press kit，附照片）

③禮品（敝公司產品）

5　**費用**

總計3000萬日圓

附件

（1）費用明細

（2）日程表

Point

將概要整理成單張A4紙，至於詳細費用和日程則列為附件。

與電視節目合作的企劃書這樣寫，更容易通過

　　右頁是電視節目製作單位提供給廣告贊助商的業務合作企劃案（外部企劃書），內容是向在日本推廣加拿大產鮭魚的協會提案，由在加拿大取景的電視節目來介紹當地的鮭魚。

　　電視廣告通常只有15秒或30秒，無法詳細說明產品或服務的細節，但若有10分鐘就足夠，而且還不是透過廣告，而是由電視台來介紹，能讓觀眾感到可靠。

　　這份企劃書在「提案主旨」中簡述概要和目的，並條列出「介紹內容」，並不難懂，只有1頁就是很夠用的企劃書。

　　截至目前，我們看了4份**單張企劃書**的範例，雖然有些不只1張，還有費用明細、日程表和其他附件資料，但企劃案本身控制在單張以內。我建議大家靠單張企劃書來取得採納，之後再製作詳細的實施企劃案。

20××年×月×日

加拿大鮭魚普及協會鈞鑒

World Arrange股份有限公司

與電視節目的業務合作案

1　提案主旨

RX電視台的《世界味之旅》是連續播映5年的當紅節目，擁有平均20％的高收視率（關於《世界味之旅》的節目內容，請參考附件）。這次，本節目將推出全新的加拿大專題企劃，其中一環將介紹頗受日本消費者歡迎的加拿大鮭魚。

2　目的

提高消費者對加拿大鮭魚的了解

3　介紹內容

（1）鮭魚產地○○灣一帶

（2）養殖場與專賣出口到日本的加工廠

（3）鮭魚餐廳裡的菜單與餐點風貌

（4）鮭魚的運送狀況（保管倉庫與機場）

（5）鮭魚協會給日本消費者的話

＊詳細內容待確定後再討論

＊介紹時間預計為10分鐘

4　實施日程表

（1）採訪日　　　　○月○日～○月○日（共2天）

（2）事前會議　　　○月○日前後　與貴協會商討具體規劃

　　　　　　　　　○月○日前後　最終商討

（3）播出日　　　　○月○日（日）11：00～11：30

5　採訪費用

100萬日圓

附件資料

敝公司簡介

《世界味之旅》節目內容與歷來介紹過的地點列表

Point

先靠單張企劃書向客戶提案，讓對方判斷之後再製作更詳盡的企劃書。

企劃書的基本架構

☐ 封面／頁眉：收件人、大標題、
　　　　　　日期、提案人
☐ 背景：現況分析或條件確認
☐ 目的：想達成的結果和目標數字
☐ 戰略：達成目的的大方向
☐ 實施計劃（戰術）：執行戰略的
　　　　　　　具體方案
☐ 日程表
☐ 費用

第 **7** 章

打動人心的
企劃案撰寫密技

只要抓到基本架構就能寫出企劃書,但若要抓住對方的心並獲得採用,就得花更多心思。本章將傳授具體的訣竅,讓你寫出能夠大力向人展現自己的企劃書。

遵守「3×3法則」的
企劃書容易獲得採用

　　若你仔細思考「企劃書被受理並影響決策」的過程，就會了解**企劃書有3大原則必須遵守**，亦即「被閱讀」、「被理解」與「被採用」。這3個大原則底下各自還有3個小原則，只要遵守這個**3×3法則**，你就能寫出更高品質的企劃書，更容易獲得採用。

◎ 原則❶「被閱讀」 ⋯⋯⋯⋯⋯⋯⋯⋯⋯

　　無論你費盡多少心力製作企劃書，對方不願意閱讀的話就白費了。為了讓對方願意拿起來閱讀，首先❶**外觀要好看**，❷**內容要簡潔易讀**，❸**文章要正確**。

◎ 原則❷「被理解」 ⋯⋯⋯⋯⋯⋯⋯⋯⋯

　　我以前曾經在大學任教，閱讀大學生的論文時，經常碰到不知所云的文章。我當時會費心把學生叫來，問他們究竟想表達什麼並試圖理解，但在商業場合上沒有這麼好的事。文章若要讓別人理解，就必須寫得❶**符合邏輯**，❷**內容正確**且❸**具體**。

◉ 原則❸「被採用」 ⋯⋯⋯⋯⋯⋯⋯⋯⋯⋯⋯

　　企劃書和一般文章不同，唯有獲得採用並執行才有價值。一份企劃書即使寫了詳細的分析和縝密的計畫，但要是無法打動人心並且被採用，就是白費工夫。

　　企劃書若要「被採用」，就必須❶滿足必備條件，❷有趣，❸符合需求。

3×3法則

原則 ❶ 被閱讀　法則066	①外觀好看
	②簡潔
	③文章正確
原則 ❷ 被理解　法則067	①符合邏輯
	②內容正確
	③具體
原則 ❸ 被採用　法則068	①滿足必備條件
	②有趣
	③符合需求

Point

　　寫企劃書時，要記得「被閱讀」、「被理解」、「被採用」等「3×3法則」。

掌握3個要點，
讓別人更願意閱讀

①外觀好看

我先從❶「被閱讀」的3個小原則來解說。

企劃書是一種商品。既然是商品，就要講究外觀。

以前，有人想要推銷新系統給我的公司，當時對方拿給我看的企劃書大約6～7張，但封面皺皺的，一看就知道是把給其他公司的企劃書拿來重複使用。我覺得自己彷彿被迫接受別人不要的東西，感到不太愉快，隨便聽聽就拒絕對方了。

為了讓對方把企劃書視為商品拿起來看，第一步是**封面必須漂亮**。此外，若希望別人閱讀內文，**排版、字級、換行和行距**都必須兼顧，好讓對方一眼看去就覺得很好讀。

②簡潔

企劃書要**盡量只陳述重點，刪除多餘或和主題無關的資訊**。

此外，還要**言簡意賅**，避免重複和多餘的詞彙，也不需要過多的潤飾。

舉個例子，「從企業的角度來看，企業對生涯教育

（Career Education）的支援，在大方向上是企業的社會責任，亦即CSR」這種長句，只要寫「支援生涯教育是企業的社會責任（CSR）」就好了。

③文章要正確

關於文章的正確性，首先是**文字不能出錯**。要是錯字和缺字太多，會讓人覺得作者很不嚴謹，還會懷疑企劃內容的可信度。輸入法的選字有時會出錯，提案之前要仔細校稿（參照 法則076 ）。

接著，內文中要**極力避免使用不確定或推測的用詞**，例如「好像」、「我覺得」、「看似」等等。要是多次使用這類措辭，會讓人覺得你對企劃內容沒有自信。

還有，結尾要**簡短有力**。用「實施」取代「決定要實施了」，不寫「會盡量不○○」，而是寫「不○○」。

此外，還要小心**別寫出會讓人誤解的句子**。舉例來說，若寫「他和女友與女友的朋友見面」，就看不出究竟是「他和『女友與女友的朋友』見面」，抑或是「他和女友（一起）與『女友的朋友』見面」。光是斷句的地方不同，意思就變了。請你用「會不會產生誤解」的眼光，來檢視自己寫的句子。

Point

要讓企劃書「被閱讀」，就必須注意「外觀」、「簡潔」和「文字的正確性」。

符合邏輯、正確而具體的企劃書能讓人理解

①符合邏輯

接著是❷「被理解」的3個小原則。

為了讓閱讀企劃書的人能夠理解，第一步是要寫得符合邏輯。這時，關鍵在於**句子的主詞和述語之間關係要明確**。

舉個例子，「他的專長會彈吉他」文法不對，寫「他的專長是彈吉他」文法正確，也一看就懂。然而，當句子一長，主語和述語之間很容易不合乎文法，這種句子很難懂，會讓人看得很煩躁。非得要寫又長又複雜的句子時，就擷取主詞和述語並列在一起，再檢查句子的意思是否通順。

企劃書若要「符合邏輯」，不僅要「通順」，**內容也不能有矛盾之處**。為了達成**目的**，因而有了**戰略**；為了執行戰略，才有了**戰術**。你必須非常注意**企劃內容的整合性**，「寫了戰略，卻沒寫戰術」這種事絕不能發生。

②內容要正確

「內容要正確」有兩個意思。

　　一個是**正確掌握問題和課題**。要是誤判什麼才是真正的問題，就會寫出方向錯誤的企劃書；萬一沒能搞懂自己在說明會上得到的課題，你的提案就不符合委託人的要求。

　　另一個是**資訊和記載內容要正確**，人名、地名、數字、單位都不能有錯。網路上有很多錯誤或過期的資訊，請你要好好考證收集到的資料。

③具體

　　「具體」就是要讓任何人都能想像，**使用實例或數字來簡單易懂地說明**。

　　舉例來說，光寫「重視一家和樂的起居室」，不太能想像究竟是什麼樣的起居室，但若是「坐北朝南且設有無障礙空間的起居室，讓祖父母、夫妻與兩個小孩都能放鬆」，自然就會浮現具體的形象。

　　記載企劃內容或實施方案時尤其要求具體性，必須列舉出過去的實績或其他公司的實例，說明得讓任何人都能看懂。而且，方案內容不僅要力求易讀，還必須是**能夠執行的方案**。

Point

　　想寫出「被理解」的企劃書，「邏輯」、「正確性」和「具體性」是必備條件。

忽略這3個要點，
企劃書就不會被採用

①滿足必備條件 ···

　　3×3法則的最後一個大原則是❸「被採用」，它下面還有3個小原則。

　　首先，無論是多麼簡易的企劃書，仍然有一定要記載的必備事項，亦即**目的、對象、實施辦法、期間、地點、實施地區、日程表和費用**。

　　有時候，「確定採用後，才提交日程表和費用」的企劃書會被接受，但即使細節留待企劃通過後才提出，要是沒有**大概的日程表和粗估費用**，就無法判斷「到底要不要採用這份企劃案」。在商業領域，成本效益是關鍵的決定性因素，此外，時間點也很重要。為了讓企劃案通過，至少要先湊齊最低限度的必備項目。

②有趣 ···

　　湊齊該寫的項目雖然很重要，但光是這樣，就只是一份及格邊緣的企劃書。為了讓對方決定執行你的提案，你必須

提出前所未有、會引爆話題的**獨特構想**，還要**從新的角度切入**，讓人驚嘆「原來還有這種方法」、「竟然連這種事都辦得到」。你還可以提出**為對方謀福利的內容**，例如「能賺到更多利潤」或「降低成本」。

即使只有一處也好，你必須在企劃書裡**設下讓人感興趣並贊同的誘因**。

③符合需求

即使企劃書已經湊齊必備條件，也讓人覺得有趣，仍然不能以為這下子一定會被採用。**企劃書要是不符合對方的需求，就不會獲得採納。**

假設有人請你「構思提高品牌形象的策略」，即使你在這時提案「這個品牌已經過時了，應該創個新品牌」，仍然不會被採用，因為委託人要的是「活化既有品牌」，而不是「開發新品牌」。若你認為「死守當下的品牌也沒有未來」，只要另外提案就好。你首先該做的，依然是**按照對方的需求去提案**。

製作企劃書之前，要先確定對方的要求是什麼。此外，企劃書完成之後，要仔細檢查它是否真的符合對方的期望。

Point

該記載的事項都齊備，寫得讓人很感興趣，並且符合對方的需求——唯有這樣的企劃書才會通過。

「太硬」的文章
讓人不想閱讀

　　我有時候會收到寫得像學術書籍一樣難懂的企劃書。作者或許是想要呈現企劃書的厚重和震懾力，但這代表他並不了解企劃書基本的寫法。

　　除了委託人之外，我們無從得知企劃書還有誰會閱讀，所以必須寫得人人都能輕易看懂。**盡量寫得平易近人**，就是撰寫企劃書的基本原則。那麼，有哪些地方應該注意呢？

❶ 不用太冷僻的國字 ··

　　現代人都用電腦製作企劃書，只要靠輸入法，手寫時寫不出來的難字也能輕鬆打出來。但相對地，有些冷僻的難字可能會讓人看不懂，所以要注意。[5]

5　譯註：原書另有提到日本語主要使用三種文字，即平假名、漢字和片假名進行書寫，巧妙地結合這三種文字可以提高易讀性。如果句子只使用平假名會變得難以閱讀，反之，使用過多漢字也會增加閱讀難度。基本上，推薦使用平假名和漢字混合書寫，漢字的比例可以控制在 30% 至 40% 左右。至於片假名，通常只使用於外來語。因與中文情況不同，僅以譯註方式提供參考。

❷ 少用專有名詞或夾雜英文 ·····················

　　沒在買賣股票的人，應該不懂「直接交易」（Outright Transactions）、「未上市有價證券」、「逢低加碼」等詞彙吧？企劃書上不可以使用尚未普及的專業術語，假如無論如何都必須用到，就要加入簡短的說明。

　　此外，還要注意別太常夾雜英文。倘若你寫「我們要針對整個scheme反覆dialogue與discussion」，別人就看不懂你在說什麼。只要寫「我們要針對整個體系反覆對話與討論」即可。

❸ 避免古文和翻譯腔 ·····························

　　年輕族群大概很少使用古文，但偶爾還是會遇到這樣的人。太文言文的用法，還是盡量不要使用才好。

　　此外，「榮膺冠軍」可以寫「奪冠」，「履新」可以寫「升遷」，使用普遍的用詞會更容易閱讀。

　　有些人會使用「握有會談」（hold a talk）這種帶有翻譯腔的用法，這也很難理解，只要簡單地寫「有會談」就好了。

> **Point**
> 企劃書的基本原則是盡量寫得簡明易讀，避免使用艱澀的用詞。

注重統一感和適當留白的
企劃書很容易觀看

　　企劃書不僅要簡單好讀，**視覺上容易觀看**也很重要。讓我們來學習字體、行距和顏色的適當用法吧！

◉ 字體與字級

　　PowerPoint等軟體內建的**字體**種類很豐富，往往讓人忍不住想要多多運用，但要是字體種類太多，資訊量也會跟著過多。為了讓讀者容易觀看，最好**只用一種字體**。

　　字級若用太多種，往往會給人不容易瀏覽的印象，所以你要**事先定好規則**，例如大標題統一用20號字，小標題都用16號字，內文用12號字。

　　此外，有些人會為了強調或做出區別而使用斜體或倒影，但這樣反而不好閱讀，所以別這樣做。

◉ 調整文字間距、行距與留白

　　要是把**文字間距**和**行距**設定得很窄，會讓讀者產生壓迫感，不好閱讀，所以**排版要適度留白**。PowerPoint可以從「常

用」索引標籤的「段落」來設定「行距」，Word則是從「版面配置」索引標籤裡的「版面設定」或「段落」來設定。

　　至於邊界，則要在天地（上下）和左右留白，將文字和圖表製作成不擁擠的排版。

◉ 企劃書原則上只用3種顏色 ....

　　企劃書原則上**只用3種顏色**：❶紙張顏色、❷內文顏色、❸標題顏色和底色。用太多種顏色不僅會導致視覺疲勞，還會給人散漫的印象。

　　❶文件的紙張顏色原則上是白色，但投影片有時會使用淺色。

　　❷內文顏色通常是黑色，但也可以用80％的黑色取代純黑，給人柔和的印象。

　　❸底色用於大標題或小標題等想要強調的文字，上底色時可以將文字反白。一般人大多用藍色或綠色，但用什麼顏色都無妨，也可以使用客戶的代表色。

　　文字部分原則上只用3色，但彩色照片就直接用全彩，圖表亦可用多種顏色。

Point

　　統一字體、字級和用色，並留意文字間距、行距和留白。

使用PPT就能輕易製作出令人印象深刻的企劃書

　　製作**單張企劃書**（　法則060　）時，如果只有文字，用Word製作成**直式**即可，但若要加入圖表，我建議你用PowerPoint（PPT）製作**橫式**企劃書。

　　雖然Word也能插入圖片或標誌，但是要移動位置比較費工夫。在這方面，若用PPT就可以輕易移動，能夠自由排版。

　　此外，當企劃書有好幾張時，用PPT不僅比較好製作，也很容易觀看。

　　PPT特別方便的一點是**「能夠整頁移動」**。

　　我用PPT製作企劃書時，會先插入多張投影片，並且在每張投影片的左上角輸入架構名稱，接著再依序撰寫資訊分析結果、目的和戰略內容。我經常在撰寫途中使用「投影片瀏覽」功能來俯瞰全體，確認整體流暢度和前後文的整合性。

　　這時，倘若發現企劃書的流暢度有問題，用PPT馬上就能輕易調換、刪除或新增投影片。

　　團隊合寫企劃書時，只要事先擬定架構，再插入每個成員各自做好的部分即可，不會影響到其他人的部分。

　　假如要在寫給新客戶的企劃書中加入公司簡介或實績，使用PPT就能輕易把過去製作好的投影片直接複製貼上。

　　使用PPT的話，要**重複使用同樣的投影片格式**也很方便。只要先編排好一張投影片的版面，之後只要「複製投影片」就能使用相同格式。網路上有很多免費的投影片範本，加以利用就能輕易做出讓人印象深刻的企劃書。

　　此外，PPT原本就是用來做簡報的軟體，**內建了各種功能，讓企劃書更便於瀏覽、更容易留下印象**。不僅容易強調文字和上色，只要運用「文字方塊」和「圖表」功能，就能輕易做出簡單明瞭又有震撼力的圖。它還能讀取用Excel製作的圖表。若想要加入插圖，也可以插入網路上的免費圖庫。

　　它原本就是簡報軟體，因此用PPT製作的企劃書可以**移作簡報使用**。只要使用「轉場」或「動畫」功能，就能讓文字或圖形淡入或閃爍，能夠進行一場生動有力的簡報。

Point

　　PowerPoint有許多方便的功能，不僅製作起來很輕鬆，還能用於簡報。

用於投影片的
企劃書要放大字級

企劃書的字級大小，取決於你要如何用它做簡報。

當對象為2～3人，面對面以紙本企劃書做介紹時，內文的字級要設定在10.5～12號字，大標題則是14～20號字。

相較之下，若出席者很多，而你必須一邊播放投影片一邊做簡報時，字級一般要設定為24號字，最小起碼要用20號字，再小的話就會有人看不清楚。

投影片的字體要使用**高清晰度的哥德體**。以前我經常使用MS Gothic（微軟哥德體），但現在我推薦更清晰的「Meiryo」（日文明瞭體）。[6]

△企劃書的撰寫方法（MS Gothic）
○企劃書的撰寫方法（Meiryo）

每張投影片所記載的內容要盡可能減少，以便觀看，並以口頭補充說明。

---

6 譯註：這裡所舉的例子是日文字體的情況。

原始企劃書與用於投影片的企劃書

原始企劃書

2.本專案要克服的問題

根據招標書與本團隊的見解，本專案要解決的問題如下：

1.開發新品牌時的課題
（1）使新學系的招牌更明確
要簡潔列出新學系具有何種其他大學所缺乏的價值？能為學生帶來什麼益處？
（2）為塑造新學系的品牌形象，製作要發布的資料
需要能補足新學系品牌價值或塑造品牌形象的明確資訊。
（3）提升大學整體的品牌價值
成立新學系是提升大學整體品牌價值的好機會，需要明確的戰略以獲得更好的大學品牌形象。

2.品牌宣傳戰略上的課題
（1）要有策略讓新學系成立的消息登上媒體報導或電視節目
列出明確的日程表，包括認可新學系成立、學系宿舍準備完畢、宣布成立新學系與校園博覽會的時間點，構思如何在適當的時機讓上媒體版面。
（2）製作新成立學系的品牌宣傳素材
找出踏上媒體的切入點，並整理宣傳用的素材。
（3）製作能夠提升大學整體品牌形象的宣傳素材
同上，包括新成立的工學系在內，要製作宣傳材料以提升大學整體形象。

3.招生宣傳戰略上的課題
（1）受眾要明確
收集考生資訊，清楚描繪出會來報考新學系的受眾形象。
（2）製作要發布給報考學生的資料
製作能讓高中生感到親切、期待並產生共鳴，進而想要報考的資料。
（3）能確實招滿100人的方案
為了招滿100名新生，要構思具體的招生宣傳策略。

整理並刪減內容

用於投影片的企劃書

2.本專案要克服的問題

根據招標書與本團隊的見解，本專案要解決的問題如下：

1.開發新品牌時的課題
（1）使新學系的招牌更明確
（2）為塑造新學系的品牌形象，製作要發布的資料
（3）提升大學整體的品牌價值

2.品牌宣傳戰略上的課題
（1）要有策略讓新學系成立的消息登上媒體報導或電視節目
（2）製作新成立學系的品牌宣傳素材
（3）製作能夠提升大學整體品牌形象的宣傳素材

3.招生宣傳戰略上的課題
（1）受眾要明確
（2）製作要發布給報考學生的資料
（3）能確實招滿100人的方案

Point

　　將企劃書做成投影片時，要使用清晰度高的字體，並且減少單張的資訊量。

若有庫存素材，
企劃書寫起來會輕鬆許多

只要花一點小心思，就能提升企劃書的品質。

例如**常用的箭頭、圓點、方塊等圖形**，雖然不予以加工也無妨，但若**加上立體或漸層效果**，質感就會好很多。

製作企劃書時多半很趕時間，沒空加工圖形。若**利用閒暇時間預先做好素材**，有需要時就能立刻使用，很方便。

同樣地，使用**有設計感的文字效果**，例如圓點四周有陰影或替文字加上方框，也只要事先做好，就能多次運用。此外，寫**企劃書經常用到的插圖或小圖示**，也要事先找好並儲存起來。還有，**日程表**的格式也能重複使用，做好之後要保留備份。

除了這些設計素材之外，**做好的企劃書也要分門別類放在資料夾裡**（參見 法則030 ）。

我長年任職於行銷領域，接過金融、飲料、觀光、服飾和教育等各行各業的工作。我提出的企劃案經常用到其他企劃書的一部分，而且是風馬牛不相及的領域。即使是不同業界，行銷企劃書也有相似的部分。

　　不僅是公司簡介和實績，員工資料和企劃手法大多也只要微調就能使用，事先準備好會事半功倍。

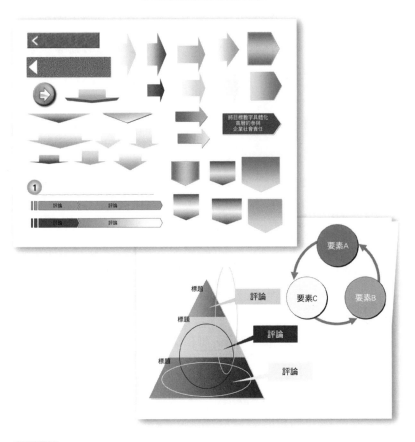

庫存素材的範例

Point

　　為了事半功倍地做出高品質的企劃書，要預先儲存各種素材。

善用視覺圖像便一目了然

若能有效運用照片、圖表和插圖，企劃書會更吸引人。和只寫文章比起來，使用這些視覺圖像❶更容易觀看，❷有助理解，❸更吸引人，❹更容易留下記憶。

◎ 說明情景

用文字難以形容的美景，只要用照片呈現就一目了然（照片1）。在文章的段落之間有效插入照片不僅簡單明瞭，還能讓企劃書更平易近人。

此外，要出租廣告招牌時，文字無法表達從遠方看去的樣子，但有照片就能馬上看懂（照片2）。

◎ 說明數字

要說明銷售額的變化時，製作成圖表便一目了然（圖1）。

◎ 立體物品或構造圖解

商品與商品包裝等立體物品，以及事物的內部結構很難用文字說明，用插圖呈現會好懂得多（圖2）。

活用視覺圖像

照片1

照片2

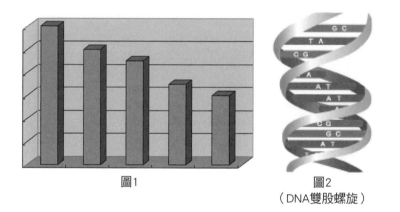

圖1

圖2
（DNA雙股螺旋）

Point

很難用文字描述的事物，只要活用視覺圖像便迎刃而解。

利用圖解，讓複雜變簡單

◎ 流程

如右頁圖1用圖解方式來呈現實施流程，會很淺顯易懂。日程表也一樣，做成表格便能一眼看出何時該做什麼事情。

◎ 統整複雜的要素

想要整理、說明多個要素，例如敵對商品的定位與客層分布時，只要如圖2般畫成分布圖，便一目了然。[7]

◎ 相關圖與因果關係

環環相扣的工作流程、人與人的關係及因果關係，這些要用文字說明都相當吃力，但只要像圖3一樣使用圖解，就能簡潔地呈現。

Point

想讓讀者理解複雜的流程與關係時，不妨在企劃書中加入圖解。

7　圖中皆為日本所使用的文書軟體、資訊系統名稱。

活用圖解

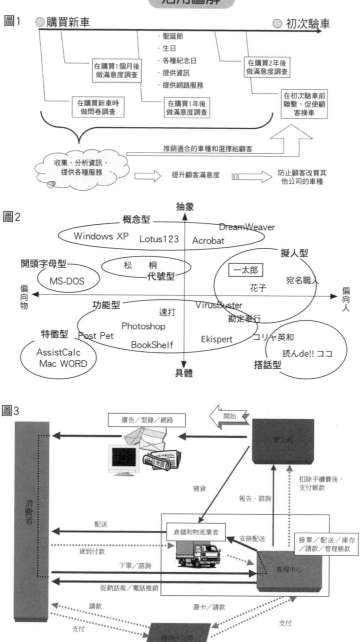

圖1

● 購買新車　　　　　　　　　　　　　　　　● 初次驗車

・聖誕節
・生日
・各種紀念日
・提供資訊
・提供網路服務

在購買1個月後做滿意度調查

在購買2年後做滿意度調查

在購買新車時做問卷調查

在購買1年後做滿意度調查

在初次驗車前聯繫，促使顧客換車

推銷適合的車種和選擇給顧客

收集、分析資訊，提供各種服務　　⇒　　提升顧客滿意度　　⇒　　防止顧客改買其他公司的車種

圖2

抽象

概念型

Windows XP　Lotus123　Acrobat　　DreamWeaver

擬人型

開頭字母型

松　桐

代號型

一太郎

花子　　宛名職人

MS-DOS

偏向物　　　　　　　　　　　　　　　　　　　　　　　　偏向人

功能型

速打　　VirusBuster

勘定奉行

Photoshop

特徵型

Post Pet

BookShelf　　Ekispert　　コリャ英和

AssistCalc
Mac WORD

読んde!! ココ

搭話型

具體

圖3

開始

廣告／型錄／網路

貴公司

補貨

報告、諮詢

扣除手續費後，支付帳款

消費者

配送

安排配送

接單／配送／庫存／請款／管理帳款

倉儲和物流業者

貨到付款

下單／諮詢

客服中心

促銷話術／電話推銷

請款

發卡／請款

支付

信用卡公司

支付

181

從這5個角度審視企劃書，就能抱著自信提案

企劃書完成之後，**繳交之前一定要檢查**。

有時候只需要略為修潤，但有時也必須大改，所以要**事前就保留足夠的時間來重讀與修正**。重讀企劃書時，你可以從下列這5個角度去檢視。

❶ 邏輯有沒有一貫性？是否親人易讀？

你要從頭重讀企劃書，確認「背景（現況分析）、目的、戰略、實施計劃的主旨有沒有一貫性」，以及「起承轉合有沒有不順的地方」。在此同時，還要檢查「文體是否統一」與「文句精簡與否」。

分頁時也要注意，同一個項目要盡量排在同一頁。此外，你還要確認「附件資料是否已整理妥善」。

❷ 企劃內容的可行性

你要再次研究：這個計畫有辦法實現嗎？日程安排有沒有問題？費用是否評估得當？假如要委託合作公司代為實施，要再次確認可不可行。

❸ 有無違背事實或誤植之處 ·······························

　　針對收集來的數據，你要審視「自己對它的解讀是否正確」、「是否將數據斷章取義」、「數字有沒有讀取錯誤或誤植的地方」。常見的錯誤包括數字誤植和計算錯誤。此外，還要確認「有沒有明確記載資料出處」，以及「企劃書上的內容是否符合事實」。

❹ 用字遣詞有沒有錯誤？ ·······························

　　你要仔細校對，檢查有無錯字、缺字或錯誤用法。在上一個階段，你都專注在企劃內容上，因此細節應該會需要修正。

　　自己檢查過後，如果可以的話，還要請別人幫忙校對。包括頁碼和客戶名稱在內，那些你以為不會出錯的地方，其實比想像中更常出包。

❺ 能說服讀者嗎？ ·······························

　　校對完畢之後，請第三人閱讀企劃書，並誠實說出意見。你可以問他：「假如你是委託人，會採用這份企劃案嗎？」假如企劃書缺乏能讓別人看懂的簡單明快和說服力，就不會獲得採用。連自己人都不會給予好評的企劃書，或許需要從頭寫過。

> **Point**
>
> 企劃書寫完後別直接繳交，而是保留時間用嚴格的眼光檢視，提高它的品質。

製作企劃書的注意事項

□ 要意識到「被閱讀」、「被理解」和「被採用」

□ 要寫出不生硬、容易閱讀且自然的文章

□ 字體和字級要統一

□ 注意文字間距、行距和適度留白

□ 只用**3**種顏色

□ 預先儲存素材，減輕作業負擔

□ 活用視覺圖像

□ 在繳交前花時間審視與修正

第8章

提高採用
機率的技巧

　　無論你製作的企劃書完成度有多高,沒被採用就沒有意義。在這一章,我將介紹多少能提高採用機率的技巧。這不僅能用在企劃書上,也能運用在交涉場合。

只要「加點調味」，原本很平凡的企劃也能通過

　　想讓企劃書獲得採用，就要有讓人覺得「有趣」或「想嘗試」的獨特構想，但即使想要擠出「前所未有的獨創點子」，仍舊非常困難。

　　在現代，各家航空公司都在實施的「累積里程數」就是個很棒的企劃。不僅能累積點數兌換商品，還能將點數換算成距離，進而獲得機票，其優異之處就在於能夠有效利用自家的商品（機票）。「累積里程數」的原型就是隨處可見的集點活動，最早可以回溯到「Green Stamp」或「Bell Mark」，差別只在於用點數交換的物品是機票。

　　據說絕大部分的故事原型都來自希臘悲劇，同樣地，許多企劃多半都有原型，接下來只要賦予它「附加價值」即可。我將此形容為「加點調味」。

　　當你在構思新點子時卡關，第一要務是找出原型。

　　翻開雜誌，應該會發現僅僅一冊裡刊登了10幾種贈獎活動。諸如電視和車廂內的廣告，我們身邊充滿各式各樣的企劃案。網路的橫幅廣告正在宣傳各種促銷活動，也有抽獎

網站。只要到街上走走，與人接觸，一定能碰到某些企劃案
（參見 法則042 ）。近在身邊的現有企劃，正是能讓你生出
新企劃的原型。

找到企劃的原型之後，就「加點調味」。 以開放式抽
獎的企劃案為例，若主辦單位是相機製造商，就會想到獎品
可以是極光攝影之旅。開放式抽獎這種企劃本身很普通，但
「送你去極光攝影之旅」是個很獨特的構想。即使是個平凡
無奇的企劃，視「調味」而定，也能變身為優秀的企劃。

原型與調味

找出原型

在網路、電視、雜誌、報紙、傳單和鬧區
得到的發現

＋

加點調味

將原型稍微施加變化

＝

新穎的企劃

Point

不必從零開始製作「獨創的企劃」，只要在現有的「原型」上「加點
調味」，就能增加企劃書的魅力。

分別使用基本原則與誘餌，
讓大標題打動人心

◎ 企劃書的命名原則 ···

企劃書上最先映入眼簾的部分是大標題，為了在第一時間就緊緊抓住委託人的心，要多花點時間取名。

企劃書的名稱**要盡量簡短**。

根據認知心理學的研究，人一眼能判讀的字數最多是13個字（**13字法則**）。企劃書的名稱雖然能博得更多注意力，但建議**控制在20個字以內**。假如企劃案名稱無論如何都會超出字數，就把部分文字變成副標題，和主標題分成兩行書寫。

企劃書名稱必須**要能明白傳達「撰寫目的」**。

舉個例子，光寫「促銷活動企劃書」就不知道是什麼樣的促銷活動。假如要促銷名叫「美全」的化妝品，不妨寫「美全春季促銷企劃案」，加入商品名稱和時期。諸如「提高會議效率的研討會計畫」、「促進了解新人事系統的研習計畫」、「提高存款金額的利息大放送企劃」等等，即使不閱讀企劃書內容，也能看出是什麼樣的企劃案。

◉ 有「誘餌」的標題

　　我希望你在參加簡報競賽時盡量和其他公司做出區別，提出有吸引力的企劃書。在這種情況下，你可以稍微擺脫原則，**以有如變化球的方式下標**。不只要遵守命名原則，偶爾也要構思能讓人對企劃書產生期待的「誘餌」。

　　舉例來說，一般人大都會寫「提升銷售額的行銷企劃」，若刻意改成：

> ### 讓銷售額確實提高20%
> 瞄準小眾市場（Niche Market）的直接行銷提案

　　如上所示，**用標題說完戰略、目的和結論**，讓標題有震撼力也是個方法。

　　此外，當你提出自主企劃書時，若死守原則取名為「提高員工動力的企劃案」，如此或許無法激起對方的興趣，讓企劃書被丟在一旁。為了吸引人，你可以這樣寫：

> ### 運用創造手法，
> 提高貴公司員工動力的企劃案

　　如此**刻意使用不常見的用詞**也是個方法。

Point

遵守命名原則雖然很重要，但偶爾也要用有誘因的大標題抓住人心。

如果好處不只一個，企劃書會更有說服力

　　企劃書必須讓委託人感受到具體的利益，例如透過解決問題來提高銷量、擴大市占率、提升業務效率等等。即使說**企劃書通過與否，都取決於「你能讓對方明確感受到多大的好處」**也不為過。

　　假如好處不只一個，肯定能讓企劃書更有說服力。

　　諸如「提高顧客忠誠度並促進回購率的客戶關係管理（Customer Relationship Management，CRM）企劃」、「改善性能並削減成本的系統改善提案」，抑或是「減輕負荷、有助獲利的商業企劃」，若能在解決一個問題時收到衍生的成效，只要把這一點也列為益處，企劃書會更有價值。

　　撰寫客戶委託的企劃書時，首先要考慮的是「如何解決問題」，但當你對此有了一些眉目之後，不妨再想想看：**「解決此一問題的過程能否帶來額外的好處？」**

　　又或者是，**假如多做一些事情能讓好處變多，那就要加入企劃中。**

　　尤其是你自己主動製作企劃案時，提出雙重好處能更有效讓客戶接受你的提案。

　　舉個例子，假設運動飲料公司的宣傳專員製作了新產品免費送企劃，內容概要是和某處滑雪勝地合作，在滑雪場的停車場一角設置臨時攤位，由擺攤人員免費發放運動飲料給開車來滑雪場的人。

　　由於這對上門的滑雪客有好處，若向滑雪勝地提案或許會通過。但是，假如想要更進一步提高通過的機率，不妨再追加另一項好處。

　　例如再加上一個方案，在飲料公司今後的宣傳海報上使用滑雪勝地的照片當作底圖，並且將滑雪勝地列入贊助商名單，如此一來企劃被採用的機率會更大。站在滑雪勝地的角度，不花成本就能招來客人，而且還能提高滑雪客的滿意度，是求之不得的企劃。

　　諸如「提高銷售額＋效率化」、「拓展通路＋增加顧客回頭率」、「打知名度＋提升員工滿意度」等等，想出多重利益是讓企劃書離通過更進一步的好方法。

Point

　想一想，除了委託人想要的好處之外，還能再附加其他好處嗎？

用「數字」呈現調查結果，
提高企劃書的可信度

數字能讓企劃書更具體，在說服對方時發揮重要的功效。假如你製作了企劃書，但說服力差強人意，或者是為求保險，正在思索更能讓人信服的方法，有效運用數字將能提高可信度，確保企劃書通過。

若促銷企劃書的「目的」只寫了「增加銷量」，沒有寫明具體數字，就很難判斷這份企劃是否合理？花這筆費用做促銷是否划算？因此，你要在企劃書上加入**目標數字**，例如「要讓銷售額比現在增加20％，上漲到2400萬日圓」。一般來說，20％並不是多難達成的數字，若再寫清楚實施費用，就能瞬間判斷這份企劃案妥不妥當。

如果企劃內容是要改善工廠的生產線，你不妨如此提案：「隨著生產線改良，每人的工時能縮短1小時，一年共縮短250小時。以時薪2000日圓來換算的話，能省下50萬日圓的成本。由於該生產線有10名作業員，算起來便是節省500萬日圓。」假如改良生產線的費用同樣是500萬日圓，一年就能回本。這樣的話，大多數的經營者都會讓你通過。

由於人們在經營上非常注重**成本效益，所以用數字來呈現**是很重要的。

數字不僅會在目標設定和成效上發揮重要的功能，還能**讓企劃書內容更有可信度**。尤其是若用數字來呈現調查結果，不僅客觀，還能讓人更加信服又安心。

舉例來說，當你要提案推出新商品時，只說「購買意願很高」很難取信於人吧？對此，你不妨根據**調查結果**如此陳述：「我做了這款商品的購買意願調查，30％的人表示一定會買，40％的人說有點想買，20％的人不確定，10％的人不願意購買。若將『一定會買』和『有點想買』的比例加起來，共有70％的人有購買意願。」這樣就很具體、很有說服力，更容易獲得採用。

此外，像廣告設計這種容易令人以主觀好惡來判斷的案子，有時很難說服人。這時，你不妨做個**「概念測試」**（concept testing），並提出「15％的人喜歡方案A，65％的人喜歡方案B，20％的人喜歡方案C」的測試結果當作資料奉上，對方就能做出正確的判斷。

若有數字能夠用來背書，就要巧妙地加以呈現，藉此增加企劃書的說服力，確保提案能獲得採用。

Point

加入目標數值、成本效益和調查結果等具體的數字，企劃書會更容易被採用。

運用見證與代言手法，
進一步提高信賴感

　　電視上的購物節目經常會請來像是產品愛用者的人，讓他們說出對產品功效的好評，例如「群馬縣的65歲主婦A子長年愛用這款產品，讓我們來聽聽她開心的心聲」之類的，企圖透過一般消費者的親身使用經驗來提高觀眾對商品的信賴感和安心感。

　　這稱為「**見證廣告**」（Testimonial Ads），是很久以前就有的廣告手法。儘管有些可疑，但至今仍然到處都有人使用，就是因為它有一定的成效。

　　視主題而定，若能把這種手法巧妙運用在企劃書上，就能強化說服力。

　　以要推出新商品為例，你不妨請客層中的幾位顧客試用那款商品，假如正面評價占多數，就把那些意見寫在企劃書上吧！「這種柔軟的觸感前所未有，彷彿像在摸棉花！」「極度細緻的泡沫，溫和地包覆我的皮膚！」這些透過親身經歷而生的文句具有說服力，能夠補強企劃的成效與正當性。

　　以前，我做過一件航空公司的促銷企劃案，對目標客群做了訪談，並且在簡報時播放訪談的錄音給客戶聽，結果大獲成功。顧客的真實心聲帶來強大的影響力，使客戶心服口服，進而同意我的企劃內容。

　　有個名叫**「代言人廣告」**的手法和見證廣告很相似，這也是從以前就用於郵購的廣告手法，亦即由名人來推薦商品或服務。

　　知名美容專家推薦某款保養品，資深藝人對商品發出「我也好想要」的讚嘆，這類電視購物節目你應該不陌生。這就是代言人廣告，利用了「既然有名人掛保證，應該可以相信」的心理效果。

　　代言人廣告的手法可以運用在企劃案上，亦即**靠名人的名號來提高企劃書的可信度**，例如請大學教授等專家監製、請知名料理研究家來參加食品企劃，抑或是請知名藝人來代言流行服飾亦可。

　　我的公司會接命名案子，附帶而來的工作則是幫忙設計商標，當客戶是大型企業時，我有時會聘請知名CI設計師來設計商標。我會預先在企劃書上寫上「將由○○設計師操刀」，由於他在設計圈無人不曉，因此客戶便決定：「既然請來那麼有名的人操刀，就交給你吧！」

Point

　　在企劃書裡加入一般消費者的心聲，或請專家、名人參與。

在開頭提出幾大「保證」，抓住委託人的心

在這裡，我就來介紹幾種我在廣告外商學到的方法。當好幾家公司互相競爭同個案子時，為了和其他公司做出區別，你必須讓人對企劃書留下深刻印象。為了取得客戶的信賴，你不妨如右圖所示，**在第一頁印上「幾大保證」一覽表**，然後在下一頁起詳細敘述「為何能如此保證」及「為了達到這幾項保證，我方會採取什麼具體的行動」。

企劃書通常要按照背景、目的、戰略、實施計劃（戰術）的順序書寫（參見 法則024 ），但這個方法跳脫了企劃書的形式，在開頭就列出保證，使這份企劃書變得大膽又有震撼力。

此外，在同樣都在開頭掛保證的情況下，仍然**有方法能夠遵從企劃書的基本架構**，亦即先寫「我們向貴公司提出7大保證」，並且在下方如此記載：

1.我們會站在顧客的角度來分析資訊。

2.我們會設定明確的目標，並予以達成。

3.我們會提出獨一無二的戰略。

4.我們會確實執行極為縝密的實施計劃。

5.我們會開發出前所未有的創意。

6.我們會提出顧及成本效益的企劃案。

7.我們會組成最強的團隊協助貴公司。

用這種方式，就能大致依照平常的流程來說明企劃內容，而且簡報還會很有震撼力。

10大保證

我們向貴公司提出10大保證。

1. 以最強團隊協助貴公司行銷。

2. 提出並執行明確的行銷戰略。

3. 制定最有效率的溝通戰略。

4. 執行符合成本效益的媒體企劃。

5. 除了打廣告，還會提案增強集客力和銷量。

6. 會準備具有影響力的廣告標語和主視覺。

7. 為品牌提案的創造力將會大幅躍進。

8. 會執行大膽、細膩且獨特的宣傳活動。

9. 會執行別人模仿不來的聯名活動和回頭客對策。

10.創意就是我們的賣點，會準備有新意的企劃。

Point

在第一頁列舉出幾大「保證」是個讓企劃書更有威力的方法。

舉出類似的成功案例，
讓人放心

　　若你提出的企劃案是客戶從未嘗試過的，客戶會很難判斷是否真的會順利，往往會感到不安。這時，**舉出成功的例子**能讓對方放心，補上讓企劃被採用的臨門一腳。

　　以居家上班管理系統的企劃案為例，居家上班是近幾年才終於普及的工作型態，所以若光是針對系統進行說明，或許還是無法讓人理解管理系統能帶來什麼樣的效果。然而，若你舉出**其他公司的成功實例**來說明，例如「A、B兩家公司都引進這個系統，成功達到有效率的管理，而且員工滿意度也很高」，對方就會安心，心想既然已經有人成功了，就能放心交給你去做。

　　在自家公司實施而成功的例子最好，但要是沒有的話，援引其他公司的成功例子也無妨。你只要舉出實例，用「這個企劃和那很類似，一定會成功」來說服對方即可。人有一種心理，會認為既然其他人做得很順利，應該就沒有問題。

　　成功實例是很有效的背書，所以你要從構思點子的階段就多加利用。

　　以促銷企劃為例，你可以考慮**參與那些成功且已經變成慣例的節日活動**，例如換季清倉特賣會、春季和秋季車展、聖誕節優惠或情人節商機大戰等等。在那些已經在消費者之間扎根、令人期待的商機大戰中，有著成功的大好機會。假如要加入聖誕購物節，就查查以前舉辦過什麼樣的促銷會和活動。

　　日本有句諺語叫做「柳樹下不一定有泥鰍」，比喻「即使成功過一次，再用相同方法也不一定會成功」。但是，在行銷的領域反而有「柳樹下有10條泥鰍」的說法，意思是「既然有成功的例子，只要加以模仿，就有高機率會成功」。

　　集點活動至今仍然能夠有效圈客，而能聚集潛在客戶的贈獎活動更是隨時隨地都在舉行。你要構思原創的方法是無妨，但打安全牌，沿襲過去成功過的方法，並說明「這在很多地方都在推行，是能夠確實討消費者歡心的手法」，大多數人都能接受。

Point

　　即使是其他公司的也無妨，大可提出類似的成功例子，好讓對方放心。

列出主題類似的實績，
贏得信賴與安心

　　我的公司名叫「創造開發研究所」，大多數人應該都沒聽過。但是，汽油品牌「日石DASH」（日石ダッシュ）、日本郵政的可抽獎明信片「卡模MAIL」（かもめ～る）和「郵PACK」（ゆうパック）等名稱，日本人幾乎都很熟悉吧？只要說這些服務都是敝公司和廣告代理商「電通」（DENTSU INC.）一起命名的，大家應該就明白我們是一家什麼樣的公司。敝公司長年以來都在命名上擁有**實績**，至今仍然會接到來自四面八方的委託，我想這便是個實績帶來工作機會的好例子。

　　實績能帶來**信賴感**和**安心感**。擁有眾多實績，就表示這個人有多值得信賴，可以放心託付。

　　實績並非只代表歷史悠久和擁有眾多客戶，更重要的是它意味著**「執行相同業務的經驗多寡」**。

　　舉個例子，假設你要向一家從未在我國販售商品的外國企業提出新上市企劃案，若你擁有推出類似商品的實績，要獲得採用其實不難。由於外國企業並不那麼了解我國，因此和企劃內容相較之下，「是否放心交給你」將是決定企劃案

是否通過的一大關鍵。企劃內容當然很重要，但有時候仍然會以實績為主。

當新客戶請你提案，抑或是你參加中央與地方政府等公家機關的企劃競賽，大多情況下都必須記載相似業務的實績，因為對方會看實績來下判斷。

如上所示，實績可說是用來判斷是否採用一份企劃案的重要因素。

製作企劃書時，**若你擁有類似該主題的業務實績，即使對方沒有要求，我還是建議你寫下來。**

要盡量簡明扼要地記載，你在何時、何地、為哪家客戶、以多長的期間執行了什麼業務。

此外，**你平時就可以製作實績列表，以便用在企劃書上。**

若你擁有為知名企業或公家機關做事的實績，那又更有價值了。實績越豐富，就越能博得信賴。

但是，如果你的實績都是一些沒沒無聞的企業，或執行規模不大，反而會導致信賴度降低，所以要小心。

附帶一提，有時候我們必須隨業務實績附上**公司簡介**，包括成立時間、資本額、銷售業績、總公司所在地、負責人和事業領域等等。這些資料幾乎能夠運用在所有企劃書上，建議你先製作好並儲存起來備用。

Point

將過去的主要實績列成清單，和公司簡介一起儲存成能用在企劃書上的格式。

沒搞懂這些基本原則，企劃案就不會被公家機關採用

◉ 取得參加資格

　　要繳交給中央或地方政府的企劃書，其內容原則上和寫給民間企業的相同，但有幾個地方必須注意。

　　首先，若要參加公開招標，你必須先符合中央或地方政府規定的資格。

　　若要競標政府部門的標案，「全部門統一資格」（日文：全省庁統一資格）是不可或缺的。這種資格按照資本額、銷售業績、經營年數等分成A～D的4個等級，等級不同，能投標的金額也不同。[8]

　　此外，若想投標東京都的案子，就要有東京都的投標資格；想要競標埼玉縣的標案，就要有埼玉縣的投標資格。在各個地方政府，取得投標資格的準則都不一樣。

◉ 必須滿足條件

　　公開招標時會公布投標須知，以及記載了招標規範、事業背

8　譯註：這是日本的情況。

景與目的、事業內容、實施期間等細項的招標書，而你絕對不可以違反投標須知的規定。確實滿足它列出的項目是基本條件。

提案形式、提案數量和繳交方式也有詳細的規定，必須遵守。給公家機關的企劃書和給民間企業的不一樣，一旦違反規範就不受理，所以要小心。

◎ 了解公家機關的「文書主義」 ⋯⋯⋯⋯⋯⋯

中央和地方政府有著「文書主義」，幾乎所有決策都以文書執行，而且會加以保管。文書就是這麼重要，所以你製作企劃書時要斟酌用詞，記得盡量仔細說明提案內容。相關的專家學者或地方代表也可能會看到你的提案內容，所以要寫得人人都能理解。

◎ 企劃書上應記載的內容 ⋯⋯⋯⋯⋯⋯⋯⋯⋯

在提案內容中，**最重要的部分是招標書上提及的「業務內容」**。你必須具體寫清楚自己將會如何執行委託的「業務內容」、屆時將使用何種方法或技術（例如調查方式或分析手法），以及那些方法為何有效。

除了業務內容之外，別忘了還要**寫下自己如何理解招標書上記載的背景與現況**。為求確認，還要寫上**業務目的**，以及**由誰執行**等等。主要執行人的實績特別重要。

Point

向政府機關提出企劃案時要先取得投標資格，仔細閱讀招標書，並好好遵守規定的細節。

寫下這4大項目，
企劃書將能獲得更高評價

❶ 對事業內容的理解 ·····························

　　繳交給中央或地方政府的企劃書會顯示出「撰寫人對政府公布的事業內容有多大的了解」，這是個會影響評價的大重點。因此，你要掌握**國家對該領域的方針、動向，以及該事業的現況與未來性**，並言簡意賅地寫在企劃書上。

　　此外，若該事業要求專業知識或技術，而你具備的話，也要寫上去。假如沒有，就必須找外面的專家參與，並具體寫下你將聘請哪位專家、如何執行。

❷ 對該地區的了解 ·····························

　　參加地方政府的競標時，「了解該地」亦是關鍵要點。

　　每個地區一定都有促進地方發展的**綜合規劃**，上面會記載該地理想的未來面貌，以及用來實現它的各種施政與實施體制。

　　公開競標的事業內容多半都順著綜合規劃走，也和實施計劃相關，**綜合規劃是最根本的依據，你要彰顯自己對它的了解**，藉此博得信賴。

另外，還有一個要訣是調查地方首長的政策白皮書和發言，若和你正在規劃的事業有關，不妨提起這件事。

❸ 彰顯實績 ···

中央和地方政府做事時原則上會沿襲前例，傾向於委託已有相關實績的人。大部分的招標書都會要求列舉**類似業務**，所以你要盡量寫得具體些。若類似業務太多，就列舉「近3年內的主要業務」，再加註「尚有其他眾多相似業務」。即使招標書並未要你提出類似業務，你也要積極列出，彰顯自己的實績。

❹ 除了招標書記載事項，再多點「附加價值」······

確實執行招標書上的業務內容是基本原則，但若你還**從專家的角度來提案**，例如「加上這個更有效」、「在調查中加入此項目，便能得到更具體的回答」，將有助於提高企劃案的評價。

給政府部門的提案要是少了必備的業務內容會扣分，但即使你多寫了對方沒有要求的事項也不會扣分，所以要表現出自己的專業和可靠。

Point

提企劃案給政府機關時，要了解事業內容與該地區，展現自己的實績，並基於專業提供附加價值。

企劃案要贏，就得「喬事情」，有時候還要策略性妥協

　　光是說到「喬事情」和「妥協」這兩個詞，有些人便會心生厭惡。人雖然要有氣慨走自己深信的道路，但在商業場合上，有些事情取決於這兩點。

◉ 居中斡旋的必要性

　　「喬事情」往往含有「暗中行動」、「黑箱作業」的貶義，但若代換為**「事前收集資訊與取得共識」**，各位應該能了解它的重要性吧？

　　寫企劃書給公司內部時，特別需要先喬好。

　　舉例來說，在你要開始規劃辦公室改善企劃之前，為了了解問題所在，必須聽取各部門的意見。此外，在製作草案的階段，也要再次向各部門確認草案內容有沒有哪裡不妥。這樣的行為就是為了達成共識而居中斡旋。只要這樣做，到了實際提出企劃案的階段，幾乎不會有人反對。

　　對客戶也是同理，當你和客戶有了某種程度的交情，不妨在繳交企劃書之前先詢問：「我有個想法，不知道您接不

接受？」「您覺得這個點子如何？」如此一來，就能同時納入對方的意見，提高企劃書通過的機率。

◉ 策略性的妥協不可少

你傾注滿腔熱情，抱著自信寫好了企劃書，但若身為決策者的主管或客戶要求你修改，你會怎麼做呢？

假如對方要你改寫後的內容並不可行，你沒有必要聽他的。此外，若修改後反而會產生缺點，你要明說原因，有禮貌地指出對方的錯誤，這是對對方的誠意。

但是，若雙方對戰略或戰術有歧見，正確的做法可能不只一個，即使那不符合你的想法，也不見得對方就是錯的。

聰明的做法是，**不僅將自己的意見告訴對方，也採納對方的意見，進行修正**。你或許有不願意讓步的底線，但做決策的人並不是你。反抗可能會惹主管討厭，或是再也接不到客戶的工作。企劃書沒被採用並執行就沒有意義，而且不會成為你的實績。若你喜歡企劃工作，想要博得好評並更上一層樓的話，就得退讓一步。這稱為**「策略性妥協」**。

Point

為了讓企劃書通過，事前的斡旋，以及滿足對方期望的策略性妥協都應該列為選項。

第 **8** 章　檢核表

提高採用機率的祕訣

- □ 稍加「調味」，讓企劃書更有趣
- □ 大標題要簡短有力
- □ 把「變化型標題」也納入考量
- □ 思考能否為委託人帶來多重好處
- □ 提出具體的數字
- □ 運用「見證手法」
- □ 運用「代言人手法」
- □ 在企劃書開頭提出「保證」
- □ 舉出成功案例
- □ 列出有助於得到好評的實績
- □ 居中斡旋
- □ 不排除策略性妥協

第9章

讓簡報
開花結果

企劃書並不是寫完就結束了，提案時還要做簡報是常有的事。本章將按照步驟，解說讓簡報開花結果的祕訣。

了解出席者，
做出能打動他的簡報

　　確定要做簡報之後，你要先**確認對方的出席人數**。**簡報方式**取決於人數。

　　❶雖然要視會場大小和設備而定，但若對方人數眾多，**用PowerPoint放映投影片**是最好的方式。

　　❷假如對方只有1～2人，為了省下準備機器的心力，建議你**親手遞上紙本企劃書，當面向對方說明**。

　　當簡報方式不同，要準備的企劃書類型與說明方式也不同。

　　❶使用投影片時，每張內容要盡量簡潔，用大字級呈現，再以口頭補充文字無法說明的部分。

　　❷使用紙本企劃書面對面做簡報時剛好相反，企劃書內容要充實，再以口頭簡單說明內容。

　　你還要事先了解出席者的職位和年齡。出席者是什麼樣的人，會影響**簡報的決定性因素**。

　　Ⓐ假如對方的社長、部門主管等最終決策者會出席，不僅是企劃內容，就連簡報人的談吐、眼神和對工作的熱忱等**當下印象**，也會是重大的決定性因素。

　　B若最終決策者不會出席，便是由某位出席者向最終決策者報告，請他下判斷。如此一來，無論簡報人多麼滿腔熱血，或許都無法傳達給最終決策者。

　　此外，以**B**的情況而言，文書將是主要判斷依據，所以要很仔細檢查繳交的文件。

　　若是用紙本面對面做簡報，企劃書上寫得很詳細，所以不會有問題，但用投影片做簡報時，要是只繳交投影片的檔案，就少了你口頭補充的部分。因此，我建議你製作**含有口頭說明內容的企劃書**交給對方。

　　若出席者的職位很高或年齡較大，你還要打理好**服裝**，並小心**用字遣詞**。

　　在一般的商業場合，即使沒打領帶又穿外套也無妨，但做簡報時還是打領帶比較保險。在年長者中，有不少人會對服裝吹毛求疵。

　　說話的用字遣詞不需要刻意謙虛，但要盡可能使用敬語，保持禮貌。簡報人的人品同樣是判斷標準。

　　出席者的出生地和學歷也是要事先探聽的事項，同鄉或同校關係比你想像中更強大。若對方出席者中有你的同鄉或同校同學，不妨在簡報前或簡報後向對方打聲招呼，藉此拉近彼此距離，如此可能會替簡報加分。

Point

　　事先探聽出席簡報會的人數、職位和年齡，並確認最終決策者會不會出席，藉此採取對策，提高獲得採用的機率。

企劃書的作者親自當簡報人，就能帶著自信上場

原則上，**要由企劃書作者親自擔任簡報人**，當企劃書是自己寫的，才能帶著自信上場。假如企劃書是多人合寫，就由最主要的負責人來做簡報。

簡報人不僅要做簡報，當企劃案獲得採用時，還必須**親自執行或肩負責任**，因為決定要採用的那一方會認為「將由簡報人負責執行企劃案」，不僅會根據企劃內容，還會根據簡報人的能力、人品和對工作的熱忱來進行綜合判斷。

假如要讓作者以外的人擔任簡報人，那麼作者本人一定也要出席簡報會。

曾經有過這樣一個例子。在某場簡報競賽上，企劃案作者的主管擔任簡報人，他做簡報時獲得對方的贊同，甚至得到「這個提案很棒」的讚賞。就在他以為穩拿下這件工作時，對方問：「對了，若最後決定委託你們，將會由哪一位執行呢？」主管老實回答：「負責執行的人今天沒有出席。」對方一聽，馬上反問：「意思是，負責執行的人沒來參加這麼重要的簡報會嗎？」

最後，他們輸了，因為**對方想要判斷負責執行者是否真是能仰賴的對象。**

進行簡報時，**簡報人越少越好**。要是人數一多，每次換人都會中斷說明，會讓聽眾感到厭煩。此外，每次一換人，說話方式和語調就會改變，這樣會讓人聽得很累。

一般的簡報流程如下。

> **步驟1**　主管致詞，簡單介紹自家公司
> **步驟2**　簡報人說明企劃內容
> **步驟3**　QA時間

致詞的部分可以省略。另外，關於系統的技術性說明、設計圖或影片等創意表現，會由各個專家撰寫企劃書，並基於他們的專業詳細說明，所以沒有問題。

偶爾會有大陣仗的簡報會，對方自社長以下到負責執行的人全都出席，己方也有許多部門主管參與，這時要在簡報正式開始之前，就先交換名片或打過招呼。在正式簡報時，為了讓對方專注聆聽，只由少少幾位簡報人進行就好。

Point

簡報人不要太多個，並且由執行企劃的人來做簡報，藉此取得客戶信賴。

簡報會場沒有布置好，會讓人無法專心聆聽

要為其他公司做簡報時，一般都會在客戶端的會議室進行，但偶爾會邀請對方到自家公司來，這時要注意**自家公司有沒有適合的場地。為了讓對方能專心聆聽我方提案，要盡可能營造出舒適的場地環境。**

大型企業或廣告公司有簡報室，但沒有這種設施的公司也不少。你要事先確認**有沒有適合出席者的會議室**，以及是**否備有投影機**，假如沒有，就租借外面的會議室。

我以前曾經去某家公司參加簡報會，當簡報一開始，就傳來打樁機震天價響的噪音，音量大到即使關窗仍然很吵，這絕對不是個適合專心聽簡報的環境。主辦方應該事前就知道要做工程，可見他們考慮得不夠周全。

選擇會場時，你要確認**交通方式是否方便、地點是否好找、周邊環境有沒有什麼問題**。

就連會議室的**採光、照明、空調和椅子的狀況**都要充分檢查，好好整頓會場。

不過，簡報並非只能在簡報室或會議室進行。

很久以前，我曾任職的廣告外商剛在美國設立，當時公司抓到機會，向大型啤酒公司美樂（Miller）提出全年度的行銷企劃案。對方包括社長和部門主管在內，大約有10個人出席，但廣告外商才剛成立，並沒有足以容納這麼多人的簡報室。於是，公司便租借外面的場地來做簡報，結果獲得很高的評價，成功得到美樂這種超大型廣告主，奠定公司往後的發展基礎。

簡報內容當然很棒，但成功的原因還有會場效果絕佳。由於對方是啤酒公司，所以公司便在白天包下附近的啤酒屋，帶美樂公司一行人去那裡聽取簡報。包括美樂公司的社長在內，對方的出席者本來都對那個場地感到訝異，但在啤酒屋所做的簡報讓他們又吃驚又佩服，並且為選擇啤酒屋作為場地的優質品味給了高度好評。這個例子便是把「沒有適合的簡報場地」反過來變成優點，而像這樣**靠場地做效果**，也是增進簡報成效的一個方法。

順便一提，某家男性服飾廠商以前曾經包下六本木的迪斯可舞廳，從半夜12點開始舉行新產品發表會，以話題性來說效果絕佳。

Point

安排簡報會場時要留意交通方式、設備和椅子，偶爾也可利用意想不到的地點當場地。

留意時間和座位分配，能讓簡報成效倍增

　　經常有人問我：「簡報會要從幾點開始才好呢？」據說在一天當中，人在早上10點到12點之間最為專注，大眾交通工具在10點半以後也不會那麼擁擠，所以設定在這個時段最好。

　　簡報的**時間長度最好設定為1小時**，加上致詞和**QA時間，最長要控制在90分鐘以內**。大學的一堂課時間是90分鐘，據說這就是人能保持專注的時長。

　　因此，假如客戶沒有指定時段，簡報會最好在**早上10點半開始，12點結束**。如果對方只願意給30分鐘，無法取得90分鐘的時間，但我還是希望你能爭取1個小時做簡報。有充分的時間才有餘裕仔細說明，若還有多餘的時間閒聊，便能建立良好的關係。

　　時間敲定之後，來想想座位的分配吧！

　　假如是用紙本企劃書做簡報，多半是採**「對面型」**，簡報人要坐在正中央。

　　若是用PowerPoint播放投影片，則要把座位排成**U字形**，

請出席者坐在簡報人正面，才容易看清楚投影片。

　　我還在廣告外商時，有一次曾做過圓桌型的簡報會。許多會議桌都是圓形，這時我會多花點心思來安排座位，也就是讓客戶和我方出席者互相穿插。

　　在簡報過程中，我方的出席者會確認鄰座的客戶端出席者是否聽懂，藉此協助簡報人。此外，到了休息時間則是盡量和鄰座交談，製造出和樂的氣氛。雖然有點懷疑這種形式是否適合日本企業，但也有這種安排座位的方式。

　　為了讓對方專心聆聽我方的企劃案，留意時間和座位安排也很重要。

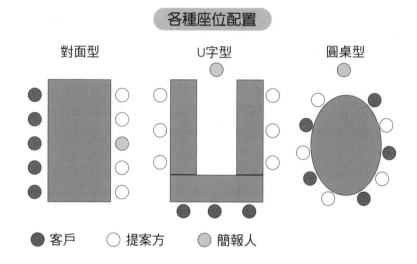

各種座位配置

對面型　　　　　U字型　　　　　圓桌型

● 客戶　　○ 提案方　　◉ 簡報人

Point

　　簡報時間最好從10點半開始，12點結束。座位則要看情況安排成「對面型」或「U字型」。

善用器材或道具，
抓住聽眾的心

　　若是採用**一邊以PowerPoint播放投影片一邊說明的形式**，就能替簡報做效果。

　　加入圖表或照片能為簡報增加變化，不僅聽眾不容易膩，還會留下深刻印象。此外，你還可以讓聽眾看影片和聽聲音，若有辦法連上網路，還能讓他們即時瀏覽線上的真實資訊。

　　當場地很大、出席者很多時，我建議你使用麥克風。假如簡報時間不長倒是還好，但要是超過30分鐘，沒有麥克風會很辛苦。而且，當你說話有抑揚頓挫，不用麥克風的話，較小的聲音可能會聽不見。

　　若因為場地限制，無法使用投影片，而對象只有4～5人時，**用手板做簡報**很有效果。你可以用手拿著厚紙板，也可以把放大的文件放在繪畫用的畫架上，一張一張地為聽眾說明。這種方式雖然很原始，但也有親手製作的溫暖感。

　　在簡報會上，為了增進聽眾對內容的理解和吸引對方注意，我會**運用器材或道具**，例如錄下消費者真實心聲的**錄音**

筆、用來讓人對實物更有概念的**服裝設計圖**，或是實物大的
樣品（模型）。

　　說到簡報，就會想到賈伯斯這個經典例子，我至今仍會
想起2008年的MacBook Air新產品發表會。他在演說途中突然
走到舞台邊拿起褐色信封，從信封裡拿出筆記型電腦，讓全
場觀眾驚豔於它的輕薄。**戲劇性地呈現實物**，也是替簡報做
效果的方法之一。

　　在簡報會開始前播放背景音樂，具有讓聽眾放鬆、緩
和緊張、提高期待感的功效，建議你構思各式各樣的簡報效
果。

替簡報製造效果的例子

□簡報開始前的背景音樂　　□播放音檔

□照明效果　　　　　　　　□展示模型

□播放影片　　　　　　　　□展示實物

□手板

Point

　　別只是對著投影片做說明，而是利用音檔、影片或道具，做一場能留
下印象的簡報。

沒能讓人對自己的熱忱留下印象，企劃案就不會被採用

　　以你為核心製作企劃書，包含「簡報會的特別效果」在內，一切都就緒之後，就要正式上場了。這時，我們應該抱著什麼態度去面對呢？

　　美國心理學家雷納德‧佐寧（Leonard Zunin）說，**人的印象取決於最初的4分鐘**。見到面的第一印象、30秒左右的打招呼時間，以及接下來的閒聊等等，這4分鐘將會留下最決定性的印象。

　　因此，**你要在見面的4分鐘內留給對方好印象**。第一印象取決於服裝和外表，服裝要得體，頭髮要梳理，才能給人整潔的印象。至於說話方式，原則上要開朗又有精神。

　　接著，在說明企劃內容時，則要**懷抱自信和熱忱**，表現出自己付出多少熱情為對方製作企劃書，而這份企劃書又會派上多大的用場，藉此**引發聽眾的共鳴**。

　　前陣子，某家宣傳公司的人向我的公司提案。他在2週前就來敲我的時間，表示「有個企劃案無論如何都想推薦給您」，所以我就設法挪出時間聽他報告。然而，當天前來的

人很沒自信，遞給我的A4企劃書文字還稍微向右下歪斜，真是難以置信，難道是影印失誤嗎？當他開始說明，就看得出來很不熟練，或許是沒什麼自信，還時常露出心虛的笑容。在我的商業生涯中，很少看到這麼糟糕的簡報。我連企劃內容都不想深究，早早就拒絕他了。

既然要站上簡報台，就**必須好好準備，看著聽眾的眼睛，鼓起自信說明。**

我進入廣告外商大約半年時，曾經參加某場4家企業互相競爭的簡報會。那是我生平第一次用英文寫企劃書，用破破的英文做簡報。我用上全副精神去做，但成果不怎麼好，十分擔心會失敗。幸運的是，我們在簡報中勝出，獲得了新客戶。

對方的英國人社長如此講評：「其他公司的簡報內容比貴公司出色，但你看起來是個很可靠的人，我在你的簡報中感受到熱忱。假如是由你負責這件工作的話應該可以信賴，所以才選擇你。」我在這時學到，企劃內容雖然很重要，但簡報人**給對方的印象和對工作的熱情**，也是影響企劃通過與否的重要關鍵。

Point

簡報人帶給聽眾的第一印象和熱情，也是企劃案能否通過的重要關鍵。

連音調和肢體動作都用上，讓聽眾留下強烈印象

在簡報會上，使用聽眾聽得懂的詞彙是理所當然，但其他**表達方式**也很重要。

美國心理學家麥拉賓（Albert Mehrabian）做過一項知名實驗，研究「人們溝通時，若對方說的話（**語言資訊**）、說話聲調（**聽覺資訊**）、肢體動作與表情（**視覺資訊**）互相矛盾時，人會比較重視哪種資訊」，結果是語言資訊占7％，聽覺資訊占38％，視覺資訊占55％。

舉例來說，同樣都說「我好開心」，若用無趣的語氣說，語氣比較容易傳達出去；此外，假如露出憤怒的表情說同一句話，表情比較能留下印象。

很多人對這個實驗結果有所誤解，以為「聽覺和視覺資訊等非語言資訊比語言資訊更重要」，但這應該解釋為「**我們有必要了解非語言資訊的強大傳達力，並善用它**」。

在製作簡報資料這方面，企劃內容的語言資訊要盡量簡潔明瞭，而說明時則要記得聽覺資訊也很重要，**音量要夠大聲**，語氣有抑揚頓挫，發音力求清晰。

　　日本人大多不擅長運用肢體和表情等視覺資訊，但你要在簡報會上**有意識地運用手勢，露出豐富多變的表情**。

　　眼神交會特別重要。不看聽眾，只盯著投影片和電腦螢幕，便無法傳達你的熱情。在進行簡報時，有一半的時間要和聽眾眼神交流。

　　以對面型的簡報來說，通常都是職位最高的人坐在最中間，左右的人次之，離中間越遠，職位就越低。你的視線要最先看中間的人，再來看他左右，接著偶爾撇向其他人。

　　若會場很大，我建議你先看遠方的聽眾，接著再以閃電狀將視線移向距離較近的人。

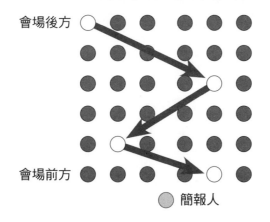

在大型會場的視線移動路徑

會場後方

會場前方

⬤ 簡報人

Point

　　在簡報會上，除了說話內容之外，還要有意識地運用聲調、表情和肢體動作。

事前充分演練，就會產生自信

如果你問我：「帶著自信做簡報的祕訣是什麼？」我只能回答：**「反覆演練。」**

我經常聽說有人在簡報會前一天才寫完企劃書，這樣便無法有效傳達企劃內容，花時間做好的寶貴企劃書將會泡湯。**絕對不可以完全沒準備就臨陣上場**，無論多麼簡陋都無妨，一定要演練。

在《大家來看賈伯斯：向蘋果的表演大師學簡報》（美商麥格羅希爾國際出版，2010）這本書開頭，作者卡曼·蓋洛（Carmine Gallo）如此描述：「在吸引聽眾這方面，賈伯斯是世界第一。」

賈伯斯在簡報會上實在表現得很自然、一派輕鬆且充滿自信，而且還經常向聽眾搭話，和他們**眼神交會**。正因如此，他才能帶給聽眾一體感。

賈伯斯為什麼能表現得這麼好呢？這是因為他精心設計了肢體動作、投影片和影像，而且反覆練習了很多次。面對一場簡報，他會在一天內花好幾個小時練習，連續好幾天都如此。據他身邊的人說，沒有人比賈伯斯更勤於練習。我們也一樣，**若要抱著自信上場，就必須周到地進行演練。**

　　演練時首先要確認的是「**能否在時間內做完簡報**」。就我過去的經驗，曾遇過簡報一旦超時就喊停的情況。

　　下一個重點是，要練習到不太需要看手邊的資料或投影片，並且**在說明企劃內容時和聽眾眼神交會**。除了反覆練習之外，沒有其他方法能辦到這點。

　　在你稍微熟練之後，不妨用智慧型手機或Zoom**拍下自己練習時的影片，進行中途檢查**並自我評分，例如有沒有「呃」或「啊」等贅詞、肢體動作和說話聲調是否恰當、重點是否都有強調等等，若有缺點就修正。

　　練習到某種程度後，就準備實際要用的器材，確認自己站立的地方和投影片的位置，**在和正式上場時相同的狀況下進行演練**。最好在要實際做簡報的會場進行，若辦不到的話，就製造出同樣的環境。這時，**你要請別人到場觀看，並請他給建議**。此外，還要**預測聽眾的提問**，請人實際問你，並練習回答。

Point

　　事前要多次演練，唯有周到地修正自己的表現，才能產生自信。

若無法提前到場，
簡報的品質將會變差

◉ 事前場勘

反覆練習多次，即將正式上場前，要對場地進行最終確認。

假如地點在新客戶的公司或外面的場地，沒有去過的話，一定要**事前確認所在地**。如果可以的話，親自去看最好，假如沒辦法，就用Google地圖確認從車站前往該地點的路線和距離。使用街景功能查看場地外觀，當天就能認出來。事先找找看**附近有沒有便利商店**，碰到要替出席者準備飲料或臨時需要影印時就能派上用場。這些資訊都要告知當天會出席的其他同仁。

至於會場本身，可以的話，要事先檢視**內部空間大小、電源、螢幕位置、電腦和投影機**放在哪裡、有沒有準備白板、**自己要站的位置和桌椅配置**等等。另外，若要給聽眾看網路上的資訊，還得先測試**網路環境**。更細節的部分還有**投影機的接頭是否能接上自己帶去的電腦**。外面的出租會議室可能沒有準備**電源延長線**，這也必須注意。

◎ 當天要提早進場

簡報會要嚴格遵守時間。如果可以，當天**要提早1小時抵達會場附近**。若有其他同仁會出席，附近有咖啡廳的話，就約在那裡稍微討論一下，就能很有餘裕地上場。

當簡報會場在遙遠的外地，視開始時間而定，**前一晚就在該地過夜**最保險。尤其是搭飛機前往時，班機有可能因為氣候不佳而停飛或誤點，要特別注意。

我有以下經驗：有一次，預計下午1點要在札幌做簡報，我當天早上不到8點就從羽田起飛，順利抵達千歲機場，搭上開往札幌的JR Airport。時間是上午11點，到札幌大約要花40分鐘，正當我心想時間很夠而放下心來時，電車因為平交道事故停了下來，30分鐘、40分鐘就這樣過去，又不能中途下車，我急得像熱鍋上的螞蟻。過了1小時，電車終於恢復行駛，但我在簡報開始的前一刻才衝進會場，至今依然記得當時的簡報成果不怎麼好。從此，我總是牢記著行程要安排得足夠寬鬆。

Point

事前進行場勘，當天的行程要有餘裕，才能安心做簡報。

正式簡報前的流程

□ 了解出席者，並採取對策

□ 決定簡報人

□ 安排簡報會場，檢視設備

□ 決定簡報時間

□ 分配座位

□ 使用器材或道具，藉此營造效果

□ 透過演練來計算時間，進行調整

□ 反覆練習到不太需要看資料

□ 錄下練習過程，檢討有無問題並修正

□ 在和正式上場時同樣的狀況下進行
　演練

□ 事前場勘

□ 當天要提早１小時抵達會場附近

第 10 章

企劃書將為你開啟
商業上的可能性

　　你若想在商業領域生存，就要持續撰寫企劃書，以便提升自己的技能與評價。不僅如此，企劃書還會成為你的資產，為你開創未來。

持續寫企劃書，
就會有人給你好評

企劃書最能表現出一個人的能力。內行人光是從一份企劃書，就能評斷你這個人的資訊收集能力、人脈、分析能力、創造力、邏輯思考能力、執行能力、文筆和表達能力。

我進入日本的廣告公司後剛過第五年，公司取得某個大型戶外廣告（Out-of-home Advertising）的優先販賣權，於是便開會調整業務方針，研討要推銷給哪家客戶。由於廣告欄位只有一處，要是不先排出優先次序再推銷，就會發生一處多賣的情況。當時，隔壁部門的M部長率先舉手，他是個比我大10幾歲的能手。但我從以前就看上那處廣告，所以也大膽舉手。隨後有好幾個人跟著舉手，但最後的結論是由我或M部長其中一人第一個推銷，兩個人自己討論。

會議11點結束，M部長找我去咖啡廳。我心想他大概是要威脅我主動退讓，而我們一坐下，他劈頭就對我說：「你還年輕，膽子竟然這麼大！敢跟我作對的人根本沒幾個！」

我心生防備，但他卻接著說：「我給你半個工作天，讓你推銷到下午3點，不行的話就換我來！」我嚇了一跳，他苦

笑著繼續說：「你總是上班上到很晚，明明是業務員，卻經常拚命在寫企劃書。前陣子我向你主管借了你寫的企劃書來看，發現寫得很扎實。我是老古板型的業務員，但我覺得自己往後有必要像你一樣，撰寫企劃書並積極提案。對於連自己也欣賞的傢伙，我實在說不出口要你退讓。」

於是，我拚上全力準備簡易企劃書，和廣告媒體簡介一起帶去給客戶。幸好當時客戶的宣傳部門經理也在，當場就採用我的企劃案。當時剛好是下午2點，我打電話回公司告訴上司，同時請他轉告M部長。

我回到公司便馬上去向M部長報告和道謝，他笑著說：「你沒必要跟我道謝，成功推銷出去的人是你。儘管如此，只花了3小時就搞定真是高竿，你要來當我的部下嗎？」

假如你想在商業上獲得好評，總之先寫企劃書就對了。 雖然一開始寫不出完美的作品，但這樣也無所謂。只要累積經驗，就能寫出會得到好評的企劃書。不僅如此，你專注在企劃書上的模樣一定會有人看進眼裡，默默給你打分數。

Point

　　即使忙碌，你仍然要持續撰寫企劃書，不僅撰寫技巧會進步，旁人給你的評價也會變好。

持續寫企劃書，
職場綜合能力將會進步

世界經濟論壇（World Economic Forum，WEF）是個民間國際機構，由世界各國的經濟、政治與學術領域的領頭羊聯合成立，他們在2020年10月發表了一份「工作的未來」（The Future of Jobs）的報告。

那份報告列出了右頁的15個項目，這些都是**商務人士今後必須具備的技能**。這些可說是商務人士的綜合能力，絕大部分也都是**製作企劃書所需的技能**。讓我們來看看❶～❺吧！

❶為了準確掌握市場現況與變化，**分析思考力**是必備技能，以便在制定戰略時分析現況。

❷製作企劃案的人必須具備**積極學習**知識的態度。

❸**解決複雜問題的能力**，是製作企劃書時最不可或缺的技能。

❹我在 法則046 提過，為了構思企劃案所需的新點子，就得捨棄既定觀念，仔細玩味事物，進行多角度的分析。

❺產出獨一無二新點子的**創造力**，正是撰寫企劃書所需要的技能。

　　寫企劃書是一項能提升技能的作業。持續寫企劃書，自然就能**培養身為商務人士的綜合能力**。

今後必須具備的15種技能

❶ 分析思考力

❷ 積極學習與學習策略

❸ 解決複雜問題的能力

❹ 批判性思考與分析

❺ 創造力、原創性、自發性

❻ 領導力與社會影響力

❼ 科技的運用、監視與掌控

❽ 科技設計與程式編碼

❾ 正面思考、抗壓性與彈性

❿ 推論能力、問題解決力、發想能力

⓫ 情緒管理

⓬ 發現錯誤與使用者經驗分析

⓭ 服務導向的思考模式

⓮ 系統分析與評估

⓯ 說服力與交涉能力

Point

　　將製作企劃書當作能提高自身職場技能的作業，積極反覆撰寫。

持續撰寫企劃書就會產生自信，進而生存下來

　　若你能靠企劃書開拓新的工作機會和新客戶，就能為公司帶來利潤。如此一來，你得到的評價會水漲船高，待遇也會變好。

　　我大學一畢業便進入日本的廣告公司當業務助理，到了進公司第三年便擺脫助理職位，成為某家大型企業的負責人，頂頭上司也變成部長。

　　這位部長對我說：「你是第一線的業務員，應該最了解客戶，所以要盡量自己寫企劃書！」因此，幾乎所有企劃書都是我自己寫。我當時的主要客戶在東京有15家分店，在東京以外有10家分店，這些全都是我的守備範圍，光是身為業務員要做的洽商和安排，我就忙碌到連午餐都沒空吃。每當有企劃工作，我必定得加班，而且加班時數恐怕是公司內數一數二的。業務部的其他同仁都一副理所當然地委託企劃部門製作企劃書，我有時候很羨慕他們，但上司總是說：「寫企劃書不是為了別人，而是為了你自己！」

　　上司雖然很嚴格，但他為默默寫企劃書的我給了好評。

過了1年，我寫給客戶的提案幾乎不用修改就會通過，客戶也願意把重要的工作交付給我。我的企劃書還曾經贏得價值好幾億日圓的工作機會。

我的工作很順利，對公司的利潤貢獻度在不知不覺中名列前茅，也得到令我滿意的待遇。更開心的是，**我獲得旁人的高度評價**。在業務會議上，大家都會好好聽我說話，就連輩分比我高的同仁也對我很友善。自己構思的企劃案實現是件很開心的事，一旦實現還能學到過去不知道的事，**對工作產生自信**。

然而，我依然被工作追著跑，幾乎沒有假期。那段日子，應該是我人生中最勤奮工作的時期。

後來，我跳槽到廣告外商，過了一陣子又和朋友一起經營公司，然後就在現在的公司定下來了。我在截至目前的工作生涯中吃了很多苦，但也自負「我年輕時的工作量絕不輸任何人」。此外，拜持續撰寫企劃書之賜，我得到了許多足以解決問題的寶庫，得以克服絕大多數的難關。

只要持續寫企劃書，就能累積許多有意義的經驗，還會增加自信。**為了在商場上生存，這種自信是不可或缺的。**

Point

　　製作企劃書雖然很辛苦，但有助於提高評價並改善待遇，還能累積經驗，培養身為商務人士的自信。

持續寫企劃書，
就能拓展職涯未來

　　企劃書是個獲得新工作和開發新客戶的方法。持續寫企劃書能夠提升職場技能，拓展人脈，讓你的世界更遼闊。不僅如此，**企劃書還會成為你的資產，幫助你去挑戰。**

　　在以前，許多日本企業普遍採用終身雇用和年功序列制度，一旦進入公司，就是一直工作到退休，但現在已經改採成果主義，轉職也變成家常便飯。網路上有很多挖角資訊。要待在一家公司完成職涯是無妨，但假如你有所不滿，懷抱著夢想挑戰新世界也是個選項。

　　當你正在考慮**職涯規劃或轉職到待遇更好的公司**，企劃書將會發揮重要的功能。

　　我在日本的廣告公司任職9年之後，便跳槽到廣告外商。才剛進新公司，日本人主管就告訴我：「接下來應該有獵人頭公司想要挖角你，你要和他們打好關係，可以去登記沒關係。」我才剛來，打定主意要在這家公司努力，那番話對我而言有點掃興。然而，事後回想起來，那位主管的建議非常受用。以外商公司而言，若要高升，轉職是最短的捷徑。

　　若你想被獵人頭公司挖角，就必須具備開發新客戶，抑或是負責行銷大型品牌的實績。另外，**擁有何種技能也很重要**，因為多數情況下，徵人的一方想要的是有能力、能成為即戰力的人才。

　　繳交給獵人頭公司的履歷，除了記載學經歷的**「時間排列型履歷」**（Chronological Resume）之外，還有一種叫做**「功能型履歷」**（Functional Resume）。功能型履歷上要寫自己的專業技能或過去的實績，這在轉職時特別受到重視，尤其是外商公司。

　　寫了許多企劃書，就表示你應該擁有**分析能力**和**問題解決能力**等重要技能，不妨多加強調它們。此外，靠企劃書獲得的客戶，以及成功執行的專案都能當作實績寫在履歷上。反過來說，萬一你沒有寫企劃書，就沒有實績可以寫在功能性履歷上，不會有公司錄用你。

　　即使辛苦，還是要繼續寫企劃書。企劃書將成為你的寶貴資產。

Point

　　企劃書是資產，當你要在商業場合挑戰新事物，它將會幫助你。

持續寫企劃書的好處

☐ 別人看在眼裡，會給你正面評價

☐ 職場綜合能力會進步

☐ 能培養不輕易受挫的自信

☐ 有利生涯規劃

■ 主要參考文獻

齊藤誠『まねして書ける企画書・提案書の作り方』（日本能率協会マネジメントセンター、2010）

齊藤誠『知らずに身につく企画書・提案書の書き方』（日本実業出版社、2004）

高橋誠編『新編　創造力事典』（日科技連出版社、2002）

高橋誠『わかる！できる！図解　問題解決の技法』（日科技連出版社、2019）

カーマイン・ガロ（井口耕二訳）『スティーブ・ジョブズ　驚異のプレゼン』（日経BP社）

グレアム・ウォーラス（松本剛史訳）『思考の技法』（ちくま学芸文庫、2020）

國家圖書館出版品預行編目（CIP）資料

企劃書怎麼寫才會過關 / 齊藤 誠著；伊之文譯 . -- 初版. --
臺中市：晨星出版有限公司, 2023.05
240面；14.8×21公分. --（Guide book ; 274）
ISBN 978-626-320-446-1（平裝）

1.CST: 企劃書

494.1   112004767

Guide Book 274

企劃書怎麼寫才會過關？

作者	齊藤 誠（Makoto Saito）
譯者	伊之文
編輯	余順琪
特約編輯	余思慧
封面設計	ivy_design
美術編輯	王廷芬

創辦人	陳銘民
發行所	晨星出版有限公司 407台中市西屯區工業30路1號1樓 TEL：04-23595820　FAX：04-23550581 E-mail：service-taipei@morningstar.com.tw http://star.morningstar.com.tw 行政院新聞局局版台業字第2500號
法律顧問	陳思成律師
初版	西元2023年05月15日

讀者服務專線	TEL：02-23672044／04-23595819#212
讀者傳真專線	FAX：02-23635741／04-23595493
讀者專用信箱	service@morningstar.com.tw
網路書店	http://www.morningstar.com.tw
郵政劃撥	15060393（知己圖書股份有限公司）

印刷	上好印刷股份有限公司

線上讀者回函

定價 340 元
（如書籍有缺頁或破損，請寄回更換）
ISBN：978-626-320-446-1

| 最新、最快、最實用的第一手資訊都在這裡 |